让习惯完善你一生

华 业◎编著

中国商业出版社

图书在版编目（CIP）数据

让习惯完善你一生 / 华业编著． —北京：
中国商业出版社，2007．5
ISBN 978-7-5044-5882-7

Ⅰ．让… Ⅱ．华… Ⅲ．习惯—通俗读物
Ⅳ．B842.6-49

中国版本图书馆 CIP 数据核字（2007）第 047128 号

责任编辑：唐伟荣

中国商业出版社出版发行
010-63180647 www.c-cbook.com
（100053 北京广安门内报国寺 1 号）
新华书店经销
天津冠豪恒胜业印刷有限公司印刷
*
710 毫米 ×1000 毫米 16 开 17.5 印张 250 千字
2007 年 8 月第 1 版 2020 年 4 月第 2 次印刷
定价：48.00 元

* * * *

（如有印装质量问题可更换）

前言 PREFACE

“习惯成自然”，“习惯了就好了”，我们总能听到这样的口头禅，那么，到底什么是习惯呢？习惯也叫习性，是人们在反复重复的一种长期固定的行为模式，是平时就体现出来的惯常的表现。习惯是在不知不觉中支配一个人的思想和行为的，它有好坏优劣之分。所以，习惯主宰或影响着人生的优劣、命运的好坏、成就的高低以及修养风度的雅俗等等。

好习惯能改变一个人的命运，完善一个人的人生。它使人变得高尚、优雅、自律、从容及卓越，使人由一点一滴的积累最终质变而演化为一个超越平凡、战胜自我、成就杰出的人。好的习惯在从小或平时的生活或学习中就种下了善根，诸如专心、勤奋、自信、守时、诚信、自律等等。在平常的生活中，他们和常人一样，周而复始地共有一天24小时，但是，细微的差别或许在于：他们每天早起一刻钟；他们能目不转睛地专注当时的某一件事，即使是小事；他们恪守诚信，从不在信誉上失言，绝不会忘记要为别人做到答应过的事……这样，他们逐渐地就脱颖而出了。完善人生在于好习惯，从来不是传说中那样一夜成名或一朝成功。

坏的习惯也在周而复始地上演，它们却是在将人一步一步地拉入失败和沉沦的沼泽地，直到无声无息地沉没。坏的习惯可以摧毁一个人，从精神到肉体，彻底地变得昏暗和消沉，直到垮下。“千里之堤，溃于蚁穴”，一个小小的毛病，就可以使人平庸和生出缺陷，让人饱尝恶果，诸如懒惰、拖延、散漫、不诚实、浪费等等，在前进的路上或人格的形成中，都是一个个的污点，是人生的障碍和绊脚石，应该果断地将它们一脚踢开。坏习惯的手总是比好习惯更具诱惑力，来得更容易，但是，完善你的人生，就必须用好习惯改掉坏习惯，从而使好习惯真正树立起来。

好习惯使人适应环境，改造环境，坏习惯则会使人成为环境的牺牲品。好习惯完善一个人的人生，成全一个人的志向和追求，好习惯靠自己去养成、学习和保持，它如同好的齿轮和推动器，使人由蹒跚到振翅高飞！

本书所列的习惯都是经过人们的成功实践的，可谓是真理。拥有它们，则拥有了一身的宝藏和无往不胜的武器和勇气，从而使自己完善。使自己在探索和人生中拥有这些取之不尽、用之不竭的力量吧！养成好习惯，抛弃坏习惯，让习惯完善你的人生！

目录 CONTENTS

第一章

习惯主宰人生

“习惯成自然”，可见习惯是一种形成了固定模式的自然的习性，如同身体器官一样，始终伴随着你，正如我们都是在每天无意地去实践着习惯，并没有要去刻意形成它。习惯是重复的惯性，习惯其实在主宰着你的人生，不管你是否愿意承认。好的习惯成就一个人，坏的习惯则摧毁一个人。

1. 习惯是什么

所谓习惯，就是人和动物的某种固定性反应，是相同的场合反应反复出现的行为。比如，如果一个人反复练习饭前洗手的话，那么这个行为就会融合到他更为广泛的行为中去，成为“爱卫生”的习惯。

习惯包括生理和心理两方面，即能够直接观察及测量的外显活动和间接推知的内在心路历程——意识及潜意识历程。并且，心理上的习惯，即思维定势一旦形成，则更具持久性和稳定性，在更广泛的基础上，就成了性格特征。

俗话说：“贫穷是一种习惯，富有也是一种习惯；失败是一种习惯，成功也是一种习惯。”如果你重视培养好的习惯，那么，你对此就会深有同感。

从前，有一条很有志气、很有抱负的狗，它向整个家族宣布：要去横穿大沙漠，所有的狗都跑来向它表示祝贺。在一片欢呼声中，这只狗带足了食物、水，然后上路了。然而不几天就突然传来了小狗不幸牺牲的消息。

是什么原因使这只狗牺牲了呢？大家纷纷找原因，检查食物，还有很多；水不足吗？也不是，水壶还有水。后来，经过研究终于发现了小狗牺牲的秘密——小狗是被尿憋死的。

之所以被尿憋死是因为狗有一个习惯：一定要在能倚靠的地方撒尿。由于大沙漠中没有树，没有石头，更没有墙根，所以可怜的狗一直憋着，终于被憋死了。

很显然，这条狗是被习惯给害死的。

狗是有习惯的动物，人更是有习惯的人。一个人的行为方式、生活习惯是多年养成的。孔子说："性相近也，习相远也。"（《论语·阳货》）"少成若天性，习惯如自然。"（汉·贾谊《新书·保傅》）意思是说，人的本性是很接近的，但由于习惯不同便相去甚远；小时候培养的品格就好像是天生就有的，长期养成的习惯就好像完全出于自然。

习惯也称为惯性，是宇宙共同法则，是一种规律，是无法阻挡的一股力量。"冬天来了，春天还会远吗？"这就是无法阻挡的一股自然的力量；果实熟了就会落地，同样是无法阻挡的一股力量。

没有惯性则没有力量。静止的火车，要阻止其滑行只需在每个驱动轮面前放一块1寸厚的木头就行了，但如果火车以每小时100公里的速度行驶的话，哪怕是一堵5尺厚的钢筋水泥墙也无法阻挡，可见惯性的力量多么巨大！

2. 习惯决定命运

习惯决定命运。习惯是通往成功最直接的保证，习惯也是通往失败的最直接通道。养成好习惯，才能改变自己的人生命运。

有一个孩子捡到一只老鹰蛋，回到家里，他把老鹰蛋和母鸡正在孵的鸡蛋放在一起。

没过多久，小鹰和小鸡一起出世了。在母鸡的照顾下，小鹰很开心地和小鸡们生活在一起。

小鹰当然不知道自己是一只鹰，它和小鸡们一样学习鸡的各种生存本领。母鸡也不知道它是一只鹰，母鸡按照教育其他小鸡那样教育小鹰。这只小鹰一直按照鸡的习惯生活。

在它们生活的地方，不时有老鹰从空中飞过。每当老鹰飞过时，小鹰就说："在天空飞翔多好啊，有一天我也要那样飞起来。"

听它这么说，母鸡每次都要提醒它："别做梦了，你只是一只小鸡！"

其他小鸡也一起附和："你只是一只鸡，你不可能飞那么高！"

被提醒的次数多了，小鹰终于相信它永远不可能飞那么高。小鹰再看到老鹰飞过时，它便主动提醒自己："我是一只小鸡，我不可能飞那么高。"

就这样，这只鹰到死那一天，也没有飞翔过——虽然，它拥有翱翔蓝天的翅膀和体格。

可见，习惯虽小，却影响深远。你可以遍数名载史册的成功人士，哪一个人没有几个可圈可点的习惯在影响着他们的人生轨迹呢？当然，习惯人人都有，我们的惰性和惯性会使我们不止一次地重复某些事情，而经常反复地做也就成了习惯，比如爱笑的习惯、懒惰的习惯，等等。习惯有大有小，有好有坏。

看看我们自己，看看我们周围，看看芸芸众生，好习惯造就了多少辉煌成果，而坏习惯又毁掉多少美好的人生！习惯一旦形成，它就极具稳定性，心理上的习惯左右着我们的思维方式，决定我们的待人接物；生理上的习惯左右着我们的行为方式，决定我们的生活起居。日常的生活本身就是习惯的反复应用，而一旦遇上突发事件，根深蒂固的习惯更是一马当先地冲到最前面，所以，当我们的命运面临抉择时，是习惯帮我们做的决定。

事物总是一分为二，凡事都有其两面性。习惯也是一样，有好坏之分。正面的是好习惯，好习惯造就一个人；负面的是坏习惯，坏习惯则摧毁一个人。

3. 习惯成就卓越

智力是天生的，很难改变。但是，你完全可以在好习惯的帮助下，提高个人的素质，从而完善自己。正是习惯，决定了每个人如何更为充分地开发自己与生俱来的潜能。

托马斯·爱迪生是一位极具天赋的发明家。但是，他却没有把自己的成就归功于天赋或天才，而是把这一切视为坚持和毅力的结果。

爱迪生曾这样说过："生活中的很多失败，都是因为人们在决定放弃的时候，并没有意识到自己已如此地接近成功。"

尽管他的天赋让人钦羡，但是，白炽灯泡的诞生还是得益于他的坚韧不拔。在找到合适的灯丝材料之前，爱迪生尝试了一万多次，也失败了一万多次。每当我们打开电灯的时候，面对这一跨时代的伟大发明，我们要感谢的，不仅是爱迪生的天才智慧，更多的恐怕还是爱迪生那永不放弃的习惯吧。

坚韧不拔更是造就了一位篮球场上的巨星，拉里·伯德（Larry Bim）——一代NBA的传奇人物，历史上最杰出的篮球明星之一。

毫无疑问，伯德是一位不可思议的运动员，但我们也不得不承认，伯德并不是最具运动天赋的人选。然而，正是天赋有限的伯德，三次登上了总冠军的领奖台，成为当之无愧的历史上最伟大的运动员之一。

既然伯德的天赋有限，那这一切他又是如何做到的呢？答案正是"习惯”。伯德堪称NBA历史上最出色的三分球投手之一，早在加入NBA之前的少年时代，每天早晨，伯德总是先练习500次三分投篮，再去上学。有了这种习惯，不论天赋几分，都有可能成为一个好的三分球投手。拉里·伯德就是这样一位依靠良好的习惯把自己先天的才能和天赋发挥到极致的典范。事实上，贯穿他整个职业生涯的，正是这些帮助他发挥出所有运动潜能的自律的习惯。

所以，良好的习惯能使自己的人生变得卓尔不群，成功的人无不是如此。

4. 让习惯完善你的人生

习惯的养成，就是通过一再地重复，像细线变成粗绳，再由粗绳变成绳索那样。每一次人们重复相同的行为，就增加并强化它，绳索又变成缆绳，再变成链子，最终根深蒂固，把人们的思想与行为紧紧捆绑起来。若是你对失败习以为常，你将易于接受失败的习惯感情，这种感情色彩，将在你所做的一切事情中留下烙印；同样的，如果你能建立起一个成功的模式，你便能够激励起胜利的感情色彩。

改变我们的习惯，也就是改变我们的命运走向。向好习惯学习靠拢，就是在完善我们的人生。人是习惯的动物，“播下一个行动，收获一个习惯；播下一种习惯，收获一种命运。”

有一头小象在很小的时候，它便被一根粗锁链拴到了一根牢牢固定的铁柱子上。每天，小象都会拼命地试图挣脱锁链逃跑，但是，它的每次尝试均以失败而告终。最后，小象得出结论，无论自己如何努力，锁链都牢不可破，铁柱也会毫不动摇。于是，小象放弃了努力，从此不再尝试。日复一日，这一习惯逐步巩固，直到小象长成大象，它仍然习惯性地坚信自己永远不可能挪动那根拴住它的桩子，无论桩子是否真正结实和牢固。

想要控制命运，改变预设结果，就必须凡事深思熟虑并培养更好的习惯。成功人士之所以达成梦想，就是由于他们培养了难能可贵的好习惯。若你也想达到相同的成果，就应该努力培养各种良好的习惯。这些习惯包括：

①自信的习惯；

②行动的习惯；

③讲诚信的习惯；

④学习的习惯；

⑤思考的习惯；

⑥创新的习惯；

⑦明确目标的习惯；

⑧有效时间管理的习惯；

⑨勤奋的习惯；

⑩宽容的习惯；

⑪坚持不懈的习惯；

⑫专注的习惯；

⑬具有良好心态的习惯；

⑭善于理财的习惯。

所有成功人士都有一个共性，那就是，基于良好习惯构造的日常行为规律。各个领域中的杰出人士——成功的运动员、律师、政治家、医生、企业家、音乐家，以及所有专业领域中的佼佼者，在他们的身上你都能发现这样一个共性，那就是良好的习惯。正是这些好习惯，帮助他们开发出更多的与生俱来的潜能。当然，他们身上并不一定没有坏习惯，但是，一定不会太多。

成功人士并不见得比其他人聪明，但是，好习惯让他们变得更有教养、更有知识、更有能力；成功人士也不一定比普通人更有天赋，但是，好习惯却让他们训练有素、技巧纯熟、准备充分；成功人士不一定比那些不成功者更有决心，或更加努力，但是，好习惯却加大了他们的决心和努力，并让他们更有效率、更具条理。

第二章

自信是人生的宝藏

自信是人生的宝藏，是用之不竭的力量。“自信人生二百年，会当水击三千里”，是何等自信、豪迈！自信可以让人办成想办的事，让人屹立在人生的高峰，一览众山小。自信，使一个人在任何情况下都不会依赖别人而否定自己。自信，是闪闪发光的品质和习惯，完善人生应从自信开始。

1. 相信你自己

自信就是看到自己的长处或优点，并加以肯定、展示或表达，它是内在实力和实际能力的一种体现，能够清楚地预见并把握事情的正确性和发展趋势，从而引导自己做得最好或更好。

自信是每一个成功人士最为重要的特质之一。

世界酒店大王希尔顿，用200美元创业起家，有人问他成功的秘诀，他说：“信心。”

美国成功学家拿破仑·希尔说：“有方向感的自信心，令我们每一个意念都充满力量。当你有强大的自信心去推动你的致富巨轮时，你就可以平步青云。”

美国前总统里根曾说：“创业者若抱有无比的信心，就可以缔造一个美好的未来。”

只有相信自己别人才会相信你。人需要推销的首先就是自己的自信，越是自信，就越能表现出自信的品质。一个人在自己心中充满着自信，其走路的姿势、言谈、举止，无不显示出自信、轻松和愉快，从气势上就表现出自己可以做主并且干劲十足、热情高涨、积极热情。

一个干劲十足、热情高涨、积极热忱的人绝对拥有成功的资本。

“信者”为“储”，不信者即无储，就是自卑，自卑就会恐惧……所以缺乏自信带来的后果是非常可怕的。

如果没有坚定的自信去勇于面对责难和嘲讽，去不断地尝试着改变传统和挑战权威，那么爱迪生就不可能发明电灯，莫尔斯就不可能发明电报，贝尔就不可能发明电话……

居里夫人说："我们的生活都不容易，但是，那有什么关系？我们必须有恒心，尤其要有自信心，我们的天赋是用来做某件事情的，无论代价多么大，这种事情必须做到。"

人生最大的害处莫过于丧失自信心。失去自信，所有的一切事情都将不会再有成功的希望和可能，正如一个没有脊骨的人永远不可能挺起腰来一般。

所以，每个人都要有自信心，要相信自己，信任自己，要相信自己是明智的，是有能力的，相信自己能干好，对生活、学习、工作中遇到的困难和挫折，要相信自己能够战胜它们。

想要自信，必须克服和消除自卑心理。

自卑是一种过多地自我否定而产生的自惭形秽的情绪体验，是一种认为自己在某些方面不如他人的自我意识和自己瞧不起自己的消极心理，是由主观和客观原因两方面造成的。

人的自卑心理来源于心理上的一种消极的自我暗示，即"我不行"、"不可能"等，对自己的能力、学识、品质等自身因素自我评价过低，在日常生活中表现出行为畏缩、瞻前顾后、心理的承受能力脆弱、经不起较强的刺激、谨小慎微、多愁善感等。长期被自卑情绪笼罩的人，一方面感到自己处处不如别人，一方面又害怕别人瞧不起自己，逐渐形成了敏感多疑、胆小孤僻等不良的个性特征。自卑使他们不敢主动与人交往，不敢在公共场合发言，消极应付工作和学习，不思进取。自认自己是弱者，所以无意争取成功，只是被动服从并尽力逃避责任。自卑不仅会使人的心理活动失去平衡，而且也会引起人的生理变化。生理上的变化反过来又影响心理变化，加重人的自卑心理。在自卑心理的作用下，遇到困难、挫折时往往会出现焦虑、泄气、失望、颓丧的情感反应。一个人如果做了自卑的俘虏，不仅会影响身心健康，还会使聪明才智和创造能力得不到发挥，使人觉得自己难有作为，生活没有意义。

任何人的人生道路都不是一帆风顺，不如意事常有八九。因此每个人前进的路上随时都会遇到各种困难、挫折、失意等，这些都容易使人产生一种自卑心理。

自卑可以转化为巨大的动力。这种转化就是把自卑转化为自信。自信是消除自卑、促进成功的最有效的方法，要养成自信的习惯，对任何事都要有一个必胜的信念。

每个人都有自己开心的事，开心的事就是你做得成功的事，那是你信心的产物，力量的产物。多回忆自己开心的事，将使你正确评估自己的力量。

笑是快乐的表现。笑能使人产生信心和力量；笑能使人心情舒畅，振奋精神；笑能使人忘记忧愁，摆脱烦恼。没有信心的人，经常是愁眉苦脸，无精打采，眼神呆板。雄心勃勃的人，眼睛闪闪发亮，满面春风。

人的姿势与人的内心体验是相适应的，姿势的表现可以与内心的体验相互促进。一个人越有信心、越有力量便越昂首挺胸。一个人越没有力量，越自卑就越无精打采，垂头丧气。学会自然地昂首挺胸就会逐步树立信心，增强信心。

总之，相信你自己，自己是不可替代的，是独一无二的，发掘自己的自信心，使自己充满力量。

2. 充满自信的人一定会找到自己的位置

一个充满自信的人，不论在任何困难的情况下，始终会用一种朝气蓬勃的心态去面对现实。只要保持这种心态，并树立起坚强的自信心，你一定会为自己找到合适的位置，会达到你的目标，成为一个自己想要成为的人。

自信是一种天赋，是一种与生俱来的自然力量，它与自我实现同属人性最伟大的潜能，只是在成长过程中不幸被磨难侵蚀、被恐惧所削弱了，通过训练，它完全可以重放光芒。

成功始于健全的心智。而当心态不佳时，要获得成功是很难的。做一套想一套，行动和思想不统一对成功来说是致命的。因为每件事首先必定是在大脑中先进行酝酿，并且必定是围绕和遵照大脑设想的图景而展开行动的。

许多人不能正确地对待人生，由于他们做的是一套，想的则是另一套；由于心态和努力不一致，使他们的大部分努力都白白地浪费掉了；由于他们的心态不对路，他们往往使自己追求的事业不断受挫。他们不能用那种很有作用的必胜信心和绝不相信失败的坚强决心去指导自己的工作。

一方面渴望发财致富，然而另一方面却总不相信能摆脱贫穷，总是怀疑自己的能力，这就如同南辕北辙一样。如果一个人总是怀疑自己获得成功的能力，那他想获得成功是毫无道理的，因而他总会招致失败。成功之人必定经常想着成功，必定经常往好的方面想。他的思想必定富于进取精神，富于创造力，必定是建设性的、创新型的。他的思想首先必定是乐观的、积极的。

如果这样，你将会朝向你所希望的成功方向走去。如果你只看到你贫穷、缺陷的那一面，那你会朝失败的另一条道上走去。相反，如果你果断转过身来，断然拒绝想象你贫困的那一面，那么，你将会在你渴望富足的目标上取得进展。

如果你每抱怨一次你的苦恼，你每说一次“我是穷人，我不行”，“我不可能取得其他人那样的成就”，“我绝不可能富裕”，“我没有其他人那些能力”，“我是一个失败者”，“幸运不可能降临到我的头上”，那么，你就为你自己设置了更多的障碍，你就会越来越苦恼，你就会越来越感到困难，你就会越来越难于摆脱破坏你健康心态的敌人，你就会越来越难于摆脱破坏你幸福的敌人。因为，这时，苦恼潜进了你的意识当中，它会左右你的思想，破坏你健康的心态。

思想宛如一块磁铁，能吸引类似于它们自己的东西。如果你的心灵老是想着贫穷和疾病，那么，你的这种思想就会带给你贫穷和疾病。与你思想相反的东西是不大可能产生的，你的成就首先是在你的思想上取得的。

一个人如果担心自己失败，担心自己会受到羞辱，担心面临社会的种种压力，那么，这个人就不会获得成功，更不可能实现自己远大的理想。因为这些担心和忧虑的思想消耗了他们的活力，束缚了他们活力和后面行动的手脚，使他们不能卓有成效地开展工作。而有效的、富于创造力的工作是人们取得成功必不可少的条件。

要养成积极地看待一切事情的习惯，从事物好的那一面，从事物充满希望的那一面看待事物的习惯。养成从有把握和事物的确定性那一面看待事物的习惯；相信事物会朝最好的方向发展的思维习惯；相信正义将最终取胜，相信真理最终将战胜谬误的思维习惯；相信协调和健康是真实的，而混乱和疾病则是真实暂时缺失的思维习惯，这些习惯最终将改变人生。

习惯正如磁铁吸引有磁性的物质一样，没有任何东西能吸引和它不相类似的东西。每样东西都展现它自己的特质，并吸引和它相类似的东西。如果一个人想获得幸福和财富，那他必须拥有健康的思想，绝对不能画地为牢，作茧自缚、极度恐惧、害怕贫困的人通常都会陷入贫困。

如果你想快乐，你就别想着苦恼；如果你想吸引财富，你就不应继续想着贫穷。你不能使自己与你一直担心的事情有任何的联系。你所担心的那些事情是你前进道路上致命的敌人。与它们隔绝开来，将它们驱逐出你心灵的王国，努力忘掉它们。尽可能坚定地想那些相反的思想，这样，你将会惊异地发现你多么迅速地就开始吸引你所期盼、渴望的那些东西！

一个人不同的工作态度及对自己的目标持有不同的心态，就会产生不同的效果。因为一个人的心态与他所取得的效果有着密不可分的联系。

如果你是被鞭打着去完成工作，如果你将工作只是看作苦差役；如果你以奴隶一般的态度去从事你的工作；如果你不抱什么希望地去工作，如果你在你的工作中看不到任何希望，觉得工作只不过是聊以糊口，勉强度日而已；如果你看不到未来的曙光，如果你只看到生活阴暗艰难的一面；如果看不到希望，认为人就应该这样自欺欺人地生活下去，那么，你就永远不会过上幸福、快乐的生活。

相反，尽管你现在十分贫穷，但是，如果你能看到更好的将来，如果你相信有朝一日你会从单调乏味的工作中崛起；如果你相信有朝一日你会从你目前的陋室搬进温馨、舒适、怡人的豪宅；如果你的抱负的确远大，如果你的眼睛紧紧盯着你希望达到的目标，并相信你完全有能力达到你的目标，且努力地去做，那么，你一定会有所作为。

一定要保持这种信念，即我们有朝一日会做成现在看来不可能做成的事。我们必须坚定地持有这种心态，必须坚信将来能完成它，无论如何艰难，只要坚持我们的信念，使我们的心灵保持创造力，使我们的心灵成为一个吸引我们所渴望的事情的磁场，那么，我们的信念、理想就一定能够实现。

一定要使自己保持一种积极向上、奋发有为的心态。任何时刻都不能怀疑自己最终将取得事业成功的能力。这些怀疑是极其可怕的，它们会毁灭你的创造力，使你失去抱负。你一定要不断地对自己说：“我必定会拥有我所需要的，这是我的权利，我将来肯定会拥有我所需要的一切。”如果你的头脑中始终坚持这种思想，那么，你的这种思想将会产生一种累积的、渐增的、极富魅力的效果。

一定要养成一种坚信自己最终会取得成功的良好习惯。一定要坚定地树立这种信念。这样，很快你将会惊奇地发现，你极其渴望、期盼和努力为之奋斗的目标是能够实现的。

只要拥有了任何时候都坚定不移的信心，你就能找到人生的位置，自信就是人生最大的支柱。

3. 做最好的自己

拥有自信的人之所以会心想事成、走向成功，是因为他们身上都有着巨大无比的潜能等待开发；有些人之所以会怯弱无能、走向失败，是因为他们放弃了潜能的开发，让潜能在那里沉睡、白白浪费。

如果我们都能充满自信，便能创造人间的奇迹，就能创造一个最好的自己。

我们每个人心里都有一幅“心理蓝图”，或是一幅自画像，有人称它为运作结果。如果你想象的是做最好的你，那么你就会在你内心的“荧光屏”上看到一个踌躇满志、不断进取的自我。同时，还会经常收听到“我做得很好，我以后还会做得更好”之类的信息，这样你注定会成为一个最好的你。美国哲学家爱默生说：“人的一生正如他一天中所设想的那样，你怎样想象，怎样期待，就有怎样的人生。”美国赫赫有名的钢铁大王安德鲁·卡耐基就是一个充分发挥自己创造机能的楷模。他12岁时由苏格兰移居美国，先在一家纺织厂当工人，当时，他的目标是“做全工厂最出色的工人”。因为他经常这样想，也是这样做的，最终他实现了他的目标。后来命运又安排他当邮递员，他想的是怎样做“全美最杰出的邮递员”。结果他的这一目标也实现了。决定做最好的你，既不是你物质财富的多少，也不是你身份的贵贱，关键是看你是否拥有实现自己理想的强烈愿望，看你身上的潜力能否充分地发挥。人们熟知的一些英雄模范人物，就是在最平凡的岗位上，充分发挥人的创造机能，做好自己身边的每一件事，创造了最好的自己。

道格拉·拉赫在他的诗中写道：

如果你不能成为一棵大树，那就当一丛小灌木。

如果你不能当一丛小灌木，那就当一片小草地。

如果你不能是一只麝香鹿，那就当尾小鲈鱼——但要当湖里最活泼的小鲈鱼。

我们不能全是船长，必须有人当水手。

这里有许多事让我们去做，有大事，有小事，但最重要的是我们身旁的事。

如果你不能成为大道，那就当一条小路。

如果你不能成为太阳，那就当一颗星星。

决定成败的不是你尺寸的大小——而在于做一个最好的你。

“做最好的自己”，这个目标人人都可以实现。你只意识到自己是大自然的一分子，坚信自己拥有“无限的能力”与“无限的可能性”，这种坚定的信心能帮你创造和谐的心理、生理韵律，建立起自己理想的自我形象，体现自己人格行为应该具有的魅力。

信心的力量是惊人的，它可以改变恶劣的现状，造成令人难以相信的圆满结局。拥有信心的人永远击不倒，他们是人生的胜利者。

4. 自信是迈向成功的第一步

居里夫人有一句名言：“自信，是迈向成功的第一步。”信心，是我们每个人产生动力的源泉，也是使我们能彻底改变人生的伟大力量。

只要你是自信的，无论你的条件多么恶劣，处境多么艰难，都能勇敢地昂首挺胸战胜它们，实现人生的飞跃。

而现实情况是，我们中的大多数人都有不同程度的自卑感。自卑常常在不经意间闯进人们的内心世界，控制着人们的生活，在人们有所决定、有所取舍的时候，吞没着勇气与胆略；当碰到困难的时候，自卑会站在背后大声地吓唬我们；当人们要大踏步向前迈进的时候，自卑会拉住人们的衣袖；一次偶然的挫败就会令你垂头丧气，一蹶不振，将自己的一切否定，就会觉得自己一无是处，窝囊至极，就会掉进自责自罪的旋涡。

自卑使人变得多愁善感、畏首畏尾，失去成功的希望。自卑的人总认为自己不如人，自惭形秽，丧失信心，进而悲观失望，不思进取。

一个人若被自卑感所控制，其精神生活将会受到严重的束缚，聪明才智和创造力也会因此受到影响而无法正常发挥作用，甚至使人变责己为责人，把对自己的不满投射到他人身上。总之，自卑感使人自暴自弃，无所追求，一事无成。

自卑就像蛀虫一样啃噬着你的人格，它是你走向成功的绊脚石，它是快乐生活的拦路虎。只有自信才可以释放人的各种力量。自信的人胆大，自信的人英勇，自信的人坦诚，自信的人开朗，自信的人乐观，自信的人豁达，自信的人谦虚，自信的人热情，自信的人热爱生活，自信的人无所畏惧，自信的人快乐，自信的人容易接受自己的缺点，自信的人客观，自信的人对自己负责，自信的人较易控制自己的情绪，自信的人较易接受现实，自信的人更富有同情心，自信的人更具有爱的能力，自信的人人际关系更广泛，自信的人更民主。

要想主宰自己的命运，在生活中正确认识自我，就要努力培养自己的自信心。完全不必为“自卑”而苦闷、彷徨，只要把握好自己，成功的路就在脚下。

自信心是人生重要的精神支柱，是成功的基石。

坚信自己完全有能力实现伟大、崇高的人生目标，那么，这种充分自信的心态就使得我们的思想积极主动、极富创造力。

世界充满了成功的机遇，也充满了失败的可能。所以要不断地提高自我应付挫折与干扰的能力，调整自己，增强社会适应能力，坚信成功孕育在失败之中，若每次失败之后都能有所“领悟”，把每一次失败当做成功的前奏，那么就能化消极为积极，变自卑为自信，失败就能领你进入一个新境界。

拉罗什夫科说过：“如果没有自信心的话，你永远不会有快乐。”你若想永保乐观的态度和拥有成功的人生，那就请你拔起自卑的重锚，扬起自信的风帆。

每个人都要自己相信自己非常出色，与众不同。只要你拥有自信，掌声将久久荡漾在你的内心深处。

5. 自信是一种力量

依靠自己，相信自己，自信是独立个性的一种重要成分。所有的伟大人物，所有那些在世界历史上留下名声的伟人，都因为这个共同的特征而受人敬仰。

有坚强的自信，往往能使平凡的男男女女，做出惊人的事业来。胆怯和意志不坚定的人即使有出众的才干、优良的天赋、高尚的品格，也终难成就伟大的事业。据说拿破仑亲率军队作战时，战斗力便会增强一倍。原来，军队的战斗力在很大程度上基于士兵对于统帅的敬仰和信心。如果统帅抱着怀疑、犹豫的态度，全军便要混乱。拿破仑的自信和坚强，使他统率的每个士兵增加了战斗力。

与金钱、势力、出身、亲友相比，自信是更有力量的东西，是人们从事任何事业最可靠的资本。自信能排除各种障碍、克服种种困难，能使事业获得完美的成功。自信心态者往往都承认自己的魅力和相信自己的能力，总是能够大胆、沉着地处理各种棘手的问题，从外表看去，则比较开朗、活泼。

著名发明家爱迪生曾说：“自信是成功的第一秘诀。”阿基米德、居里夫人、伽利略、张衡等历史上广为人知的科学家，他们所以能取得成功，首先因为有远大的志向和非凡的自信心。一个人要想事业有成、做生活的强者，首先要敢想。敢想就是确立自己的目标，就要有所追求。不自信决不敢想，连想都不敢想，当然谈不上什么成功了。其次是敢干。只是敢想还很不够，目标只停留在口头上，无论如何也是不能实现的。一个自信心很强的人，必定是一个敢干的人，敢于行动的人。他决不会对生活持等待、观望的消极态度，而丧失各种机遇。他会在行动中、实践中展示自己的才华。当然这里说的敢想、敢干，都不是盲目的，更不是主观主义的空想、蛮干。德国精神病学专家林德曼用亲身实验证明了这一点。1900年7月，林德曼独自驾着一叶小舟驶进了波涛汹涌的大西洋，他在进行一项历史上从未有过的心理学实验，预备付出的代价是自己的生命。林德曼认为，一个人要对自己抱有信心，就能保持精神和肌体的健康。当时，德国举国上下都关注着独舟横渡大西洋的悲壮冒险，已经有一百多名勇士相继尝试均遭失败，无人生还。林德曼推断，这些遇难者首先不是从肉体上败下来的，主要是死于精神崩溃、恐慌与绝望。为了验证自己的观点，他不顾亲友的反对，亲自进行了实验。在航行中，林德曼遇到难以想象的困难，多次濒临死亡，他眼前甚至出现了幻觉，运动感觉也处于麻痹状态，有时真有绝望之感。但是只要这个念头一出现，他马上就大声自责：懦夫！你想重蹈覆辙，葬身此地吗？不，我一定能成功！终于，他胜利渡过了大西洋。再次，是敢于面对现实，不怕挫折。人的一生之中难免有些挫折。要想事业有成，就要敢于面对现实，不怕挫折，不屈不挠，百折不回。只有敢想、敢干、敢于面对现实而不怕挫折的人，才能事业有成，才是真正的强者。

自信是一种超凡的内在的力量，它使人向着理想勇敢迈进，使困难让道，相信自己，拥有信心是成功的最大秘诀。

6. 自信是改变人生的魔方

人没有自信心，好比没有气的皮球，怎么拍也拍不起来，还会有谁去理会它呢。

美国有一位经理，他把全部资产投资在一种小型制造业上。由于世界大战爆发，他无法取得他的工厂所需要的原料，因此只好宣告破产。金钱的丧失，使他大为沮丧。他对于这些损失无法忘怀，而且越来越难过。到最后，甚至想要跳湖自杀。

一个偶然的机会，他看到了一本名为《自信心》的小书。这本书给他带来勇气和希望，他决定找到这本书的作者，请作家帮助他再度站起来。

当他找到该书的作者，说完他的故事后，那位作家却对他说："我已经以极大的兴趣听完了你的故事，我希望我能对你有所帮助，但事实上，我却毫无能力帮助你。"

他的脸立刻变得灰白。他低下头，喃喃地说道："这下子完蛋了。"

作家停了几秒钟，然后说道："虽然我没有办法帮助你，但我可以介绍你去见一个人，他可以协助你东山再起。"刚说完这几句话，他立刻跳了起来，抓住作家的手，说道："看在老天爷的份上，请带我去见这个人。"

于是作家把他带到一面高大的镜子面前，用手指着镜子说："我介绍的就是这个人。在这个世界上，只有这个人能够使你东山再起。除非坐下来，彻底认识这个人，否则，你只能跳到密歇根湖里。因为在你对这个人作充分的认识之前，对于你自己或这个世界来说，你都将是个没有任何价值的废物。”

他朝着镜子向前走几步，用手摸摸他长满胡须的脸孔，对着镜子里的人从头到脚打量了几分钟，然后退几步，低下头，开始哭泣起来。

几天后，那位作家在街上碰见了这个人，几乎认不出来了。他的步伐轻快有力，头抬得高高的。他从头到脚打扮一新，看来是很成功的样子。他对作家说：“我对着镜子找到了我的自信。现在我找到了一份年薪三千美元的工作。我的老板先预支一部分钱给家人。我现在又走上成功之路了。”他还风趣地对作家说：“我正要前去告诉你，将来有一天，我还要再去拜访你一次。我将带一张支票，签好字，收款人是你，金额是空白的，由你填上数字。因为你介绍我认识了自己，幸好你要我站在那面大镜子前，把真正的我指给我看。”

应该做有理想、有目标、有追求的人。生活的态度是人格的温度控制器，其好坏足以影响人生的成败。自信的人生态度，是迈向美满成功的跳板。

人生的方向是由“态度”来决定的，其好坏足以左右我们构筑的人生的优劣。自信的人生态度是成功的催化剂，它使人格变得温暖活泼，富有弹性；使人充满进取精神，充满冲劲和抱负，即使遭遇困难，也可以获得帮助，事事顺心，进而做一个快乐的“王子”。

正确地对待生活中的事情。相信人生充满乐趣，常微笑，避免愁眉苦脸，会令你怀有希望，从内心产生信心，使你一夜之间判若两人。

振作精神，不要做“没办法”的人。无论怎么困难的工作，都应认真思考解决的办法，不可推脱敷衍，不可怕麻烦，不要把时间浪费在无谓的担忧上，不要替自己找寻借口。要知道，成功的哲学在于“天下无难事”。

自信是一种积极的人生态度，更是改变人生的魔方。培养自己坚定的信心，会使人生美满成功。

7. 唯有自信，才不会被打败

你的成就大小，永远不会超出于你自信心的大小。同样，在人生道路上，没有信心，你也绝不可能成就伟业。

具有坚强的自信，往往可以使平庸的男女能够成就神奇的事业，甚至成就那些虽然天分高、能力强，但是疑虑与胆小的人所不敢染指的事业。

如果不热烈而坚强地渴求成功，不对成功充满期待，就不会取得成功的。成功的先决条件，就是充满自信。

只有敢于负起责任的人，才能成功；只有说什么做什么、相信自己一定能够得到的人，才能达到目的。要负责做一件事，首先必须要有坚定的自信心，始终相信自己能够做成任何想做的事。

不少成功的人都曾经失败过，甚至于破过产，但因他有勇气、有决心，始终没有跌倒，仍在更加努力地工作着，希望恢复过来。

无论遭遇怎样的挫折，也不要意志消沉。一个人如果老是拿不定主意，畏畏缩缩地做事，无异于拦住了自己的前途。

试看世上一些事业之所以会失败，大多数并不是由于物质上的损失，而是因为没有自信心的缘故。

一个人的能力，好像水蒸气一般，不受任何拘束，没有限制，谁都无法把它装进固定的瓶子里；要把这种能力充分发展出来，非有坚定的自信心不可。

正如演戏一般，一个人可以调整他自己的品格和态度，让自己扮演各式各样的角色。假如你有意要成为一个成功的演员，就非把你的态度和品貌处处演成成功者的样子不可。

一个成功者处理任何事时绝不吞吞吐吐、模棱两可。他全身都充满了魄力，使他不必依靠他人，而能独立自主。那些毫无成就的人既无自信心，本身的能力又空虚异常，他的姿态总是一幅日暮途穷的样子，从他的谈吐和工作上处处表示他已无能为力了。

自信心对于事业来说简直是一种奇迹，有了它，你的才干就可以取之不尽，用之不竭。一个没有自信心的人，无论有多大本领，也不能抓住任何机会。他遇到重要关头，总是不肯把所有的本领都表现出来，因此明明可以成功的事，往往弄得惨不忍睹。

一件事业的成功，固然需要才干，但是自信心也是不可缺少的。你之所以缺乏这种自信心，是因为你不相信自己具有这种自信心的缘故。你必须从心里、从言行上、从态度上拿出自信来，在不知不觉之中，人家就会开始对你产生信任，而你自己也会逐渐觉得自己确是可以信赖的人了。

8. 心想才能事成

自信产生奇迹，心想才能事成。认为自己做的事情是种提高和提升，不相信所谓“办不到的事”、“不可能的事”，自信是一种卓越的能力和资本。

古时有个勤奋好学的木匠，一天去给法庭修理椅子，他不但干得很认真很仔细，还对法官坐的椅子进行了改装。有人问他其中原因，他解释说：“我要让这把椅子经久耐用，直到我自己作为法官坐上这把椅子。”

心想事成，这位木匠后来果真成了一名法官，坐上了这把椅子。

自信与人的积极行动之间有着必然的联系。如果有坚定的自信，即使平凡的人，也能做出惊人的事业来，缺乏信心则可能一事无成。一个人的成就，决不会超出他自信所能达到的高度。

信心是你最有价值的资本。

信心代表着一个人在事业中的精神状态和把握工作的热忱以及对自己能力的正确认知。有了这样一份信心，工作起来就有热情有冲劲，可以勇往直前。当然，有时候我们也会面对失败和挫折，但这些并不可怕，每当你经历一次打击便学到了一份知识，便积累了一次力量和勇气。所以，在任何困难和挑战的面前首先要相信自己。

美国汽车大王亨利·福特就是最好的例证。

当亨利·福特在底特律生产汽车，并进行试车的时候，许多人都冷嘲热讽，认为汽车是昂贵不实用的东西，谁会为了那个“会跑的铁盒子”掏腰包呢？然而福特并不为所动，并且信心十足地预言：“在不久的将来，汽车会跑遍整个地球。”最后，福特的预言成了事实。

这之后，福特在开发V型引擎的时候又面临困难，他想要制造一个8汽缸的引擎，当他把构想蓝图出示给技术人员时，遭到了一致的反对，技术人员告诉他，根据理论，8汽缸引擎的制作是不可能的。

但福特却坚信可行，他要求不管花多少时间和代价，一定要开发出来。

在福特的坚持下，整整花了一年多的时间，经过不断地研究和试验，技术人员终于突破困境，完成8汽缸V型引擎的制造。

福特的成功说明了信心力量的伟大，与金钱、权力、出身相比，自信是你最重要的东西，它是你从事任何事业最可靠、最有价值的资本。

了解自己的优点和长处，正确地评价自己，不要掉进和人比较的陷阱，每个人都是独一无二、无法取代的，因此每个人都有别人没有的特长，充分发挥自己的特长，你的自信心就会越来越强。

自信不是潇洒的外表，但它会带给你外表的潇洒，这是需要长期坚持的一种生活习惯，它会让你认识自己所扮演的人生角色，自己在哪方面有足够的能力，还有哪方面需要再发掘自己的潜能，这样你就能精神饱满地迎接每一天升起的太阳。

拥有并保持十分的自信，你就拥有发言权，就会得到升迁的机会，就会拥有自己的办公室，就会承担新的更具挑战性的工作，你得到成功的机会也就更大。

卓越的人物在成功之前，总是充分相信自己的能力，深信自己必能成功。所以工作时，他们就能全力以赴，直到胜利。

千万不要认为自己能力有限，你永远可以比现在更好，只要你敢于尝试，敢做决定，敢于追求自己的梦想，你就能真正拥有自信，取得非凡的成就。

西方有句名言："一个人的思想决定一个人的命运。"不敢向高难度的工作挑战，是对自己的潜能画地为牢，只能使自己无限的潜能化为有限的成就。与此同时，无知的认识会使你的天赋减弱，因为你的懦夫一样的所作所为，不配拥有这样的能力。

你也许会用"说起来简单做起来难"来反驳这些思想。其实，很多看似"不可能"的工作，困难只是被人为地夸大了。当你冷静分析、耐心梳理，把它"普通化"后，你常常可以想出很有条理的解决方案。

而最值得一提的是，要想从根本上克服这种无知的障碍，走出"不可能"这一自我否定的阴影，跻身老板认可之列，你必须有充分的自信。相信自己，用信心支撑自己完成这个在别人眼中不可能完成的工作。

信心会给予你百倍于平常的能力和智慧。因为"自信的心"能够打开想象的心灵，让你能够驰骋在理想的空间，赋予你实现梦想的"关键元素"——足够的能力和智慧。

你或许也发现了这样一种情况：在你的周围，那些十分自信的人总能把工作完成得很好，而在你眼中，这些工作常是不可能完成的。可是到了他们那里，一切都迎刃而解，因此，他们越来越受到器重。

此时此刻，在了解了自信的魅力后，相信你不会再对他们投注那么多的惊叹和质疑。要知道，如果你自己拥有了足够的自信，同样也有能力化腐朽为神奇，将"不可能"变为"可能"。同时，你所经历的、所得到的，都是胆怯观望者们永远都没有机会知道的——因为他们根本就不敢尝试。

第三章

行动就是创造命运

“千里之行，始于足下”。路虽远，行则必至；事虽难，做则必成。行动是创造命运、改变命运的圭臬。没有行动，一切理想都是空谈；没有行动，就只能使人生无为。不要找借口，不要拖延，想到就要做到，立即行动，马上出发。养成马上行动的好习惯，人生才会有改观。

1. 命运的道路是由行动来铺就的

机会常常会不经意地出现，你完全可以把握住它，将它变为有利的条件。而你需要做的事情只有一件：行动起来！

优秀的人不会等待机会的到来，而是寻找并抓住机会，把握机会，征服机会，让机会成为服务于他的奴仆。

软弱和犹豫不决的人总是找借口说没有机会，他们总是喊：机会！请给我机会！

其实，生活中的每时每刻都充满了机会。课堂里的每一次发言是一次机会；每一次竞赛是一次机会；每一篇发表在报纸上的文章是一次机会；每一次商业谈判是一次机会……每一次都是展示你的优雅与礼貌、果断与勇气的机会，更是表现你优秀品质的机会。

在这个世界上生存，本身就意味着上帝赋予了你奋斗进取的特权，你要利用这个机会，充分施展自己的才华，去追求成功，那么这个机会所能给予你的东西要远远大于它本身。

懒惰的人总是抱怨自己没有机会，抱怨自己没有时间；而勤劳的人永远在孜孜不倦地工作着、努力着。有头脑的人能够从琐碎的小事中寻找出机会，而粗心大意的人却轻易地让机会从眼前飞走了。

有一个大师，一直潜心苦练，几十年练就了一身“移山大法”。

有人虔诚地请教：“大师用何神力，才得以移山？我如何才能练出如此神功呢？”

大师笑道："练此神功也很简单，只要掌握一点：山不过来，我就过去。"

我们知道世上本无什么移山之术，唯一能够移动的方法就是：山不过来，我就过去。

现实世界中有太多的事情就像"大山"一样，是我们无法改变的，至少是暂时无法改变的。

如果别人不喜欢自己，是因为自己还不够别人喜欢。

如果无法说服别人，是因为自己还不具备足够的说服能力。

如果我们还无法成功，是因为自己暂时还没有找到成功的方法。

要想让事情改变，首先得改变自己。只有改变自己，才会最终改变别人；只有改变自己，才可以最终改变属于自己的世界。

所以，如果山不过来，那就让自己过去吧！我们不要做一个守株待兔的蠢人，要积极行动起来，不断为自己创造时机，只有这样，才能在人生的竞赛中获胜。

太阳升起的时候，非洲草原上的动物就开始奔跑了。狮子知道如果它赶不上最慢的羚羊，就会饿死。对羚羊来说，它们也知道如果自己跑不过最快的狮子，就会全部被吃掉。

出生时，每个人都是一样的，长大以后，随着环境的变化，有的会变成狮子，有的会变成羚羊。然而，在这个世界上，每个人所面对的竞争和求生的挑战都是一样的。

因此，你一定要有跑赢别人的智慧和勇气，否则不是饿死，就是被吃掉。这是物竞天择、适者生存的自然法则，也是行动创造命运的自然法则。

2. 现在就去做

“现在就去做”，行动改变一切。行动使你牢牢把握住机会，把握现在，把握美好。“现在就去做”，它可以改变你的生活。

现在就去做，只要一息尚存，就必须身体力行。无论何时，必须行动，“现在就去做”的念头从你的潜意识闪到意识里时，你就要立刻行动。

养成习惯，从小事上就开始“现在就去做”，这样你很快便会养成一种强而有力的习惯，在紧要关头或有机会时便会“立刻掌握”。

行动可以改变一个人的态度，使他由消极转为积极，使原先可能糟糕透顶的一天变成愉快的一天。

杰克是剑桥大学的学生，他就是这样做的。有一年暑假他去当导游，因为他总是高高兴兴地做了许多额外的服务，因此几个芝加哥来的游客就邀请他去美国观光。旅行路线包括在前往芝加哥的途中，到华盛顿特区做一天的游览。

杰克抵达华盛顿以后就住进“威乐饭店”，他在那里的账单已经预付过了。他这时真是乐不可支，外套口袋里放着飞往芝加哥的机票，裤袋里则装着护照和钱。后来这个青年突然遇到晴天霹雳。

当他准备就寝时，才发现皮夹不翼而飞。他立刻跑到柜台那里。

“我们会尽量想办法。”经理说。

第二天早上仍然找不到，杰克的零用钱连两块钱都不到。自己孤零零一个人待在异国他乡，应该怎么办呢？打电报给芝加哥的朋友向他们求援？还是坐在警察局里干等？

他突然对自己说："不行，这些事我一件也不能做。我要好好看看华盛顿。说不定我以后没有机会再来，但是现在仍有宝贵的一天待在这个国家里。好在今天晚上还有机票到芝加哥去，一定有时间解决护照和钱的问题。我跟以前的我还是同一个人。那时我很快乐，现在也应该快乐呀。我不能白白浪费时间，现在正是享受的好时候。"

于是他立刻动身，徒步参观了白宫和国会山庄，并且参观了几座大博物馆，还爬到华盛顿纪念馆的顶端。他去不成原先想去的阿灵顿和许多别的地方，但他看过的，他都看得更仔细。他买了花生和糖果，一点一点地吃以免挨饿。

等他回到英国以后，这趟美国之旅最使他怀念的却是在华盛顿漫步的那一天——如果他没有运用做事的秘诀就会白白溜走的那一天。"现在"就是最好的时候，他知道在"现在"还没有变成"昨天我本来可以……"之前就把它抓住。

这里顺便把他的故事说完吧，五天之后，华盛顿警方找到了他的皮夹和护照，并且送还给他。

总之，如果下定决心立刻去做，往往会激发潜能，往往会使你最热望的梦想也能实现。

"现在就去做"可以影响你生活中的每一部分，它可以帮助你去做该做而不喜欢做的事；在遭遇令人厌烦的职责时，它可以教会你不推脱延宕。

请记牢这句话："现在就去做！"

3. 行动就要去掉推诿的恶习

行动就是不要找借口，不要“依然期待明天”，因为这是一种纯粹的幻想，是自己的虚幻的向往罢了。

想要过积极创造的生活，就必须勇往直前地干下去——不论你遭遇什么样的困难。否则的话，你的心灵会像白蚁啃噬树木一样被啃光、掏空。它们会侵进你的内心，将你摧毁。

不要这样自我萎缩下去，试着把你的船驶上人生的正道，不要像虫一样蛰居在死水深坑之中。

一个人必须学会每天和自己竞争，不断地行动。不能替过错找借口，而是承认并改正和超越它。超越错误的本身就是一种行动。当我们逃避过错时，便会因循守旧地过日子。这种思想怂恿人什么也不做，把一切推到明天。

“明天”这个借口，之所以也是沮丧的一面，是因为这种“明天”哲学会引人过着没有目标的日子。它使人变得消极退缩，逃避人生的责任，而养成不负责任的态度。

这种期待“明天”的哲学之所以令人泄气，是因为它的根基建立在一个妄想上面：美好的明天就要到了，那时，目标就较容易达到；那时，障碍自会消失；那时，就不会再受到挫折了。

也许等到那个美好的明天到来时，数以亿万计的这种想法的人将去工作，把事情完成。但那一天将不会来临，至少，它不会在你有生之年来临。

这种哲学只是一种纯粹的向往，一种十足的幻想，它会使你退却、逃避，把你带向沮丧。

这种具有毁灭性的“明天”哲学，跟所谓的“新愁旧病”完全不同，后者使人希望在今天和明天改善自己。前者消极、被动；后者积极、主动。我们应该永远希望改善自己。

丢掉推诿的恶习吧！只要你的能力可以办到，只要你的目标值得一试，那么今天就动手吧。如此可使你不停地工作、前进，这对你是有益的。不论你喜不喜欢，你都必须每天跟自己竞争；你必须击败你心中的消极意识。你不能骑墙观望；你必须加以抉择。你不跳向这边就得跳向那边；不是面对就是背离生活；强化你的自觉，肯定你自己，不然就会变得懦弱无能。这才是求生之道。

4. 埋怨不能解决任何问题

一个伟人或者成功的人和庸人最大的区别就在于：庸人有了不满，只知道坐地埋怨，埋怨自己的境遇不佳；伟人则努力行动，努力改变处境。

世界上的确有很多不公平的事，有很多抱怨的理由。但是，世上根本不存在什么十全十美。一味追求完美，抱怨社会，抱怨他人，是不现实的。如果我们一定要等到世上所有条件都完美后才开始行动，那么只好永远等下去了。有的人为什么一辈子都干不了一件事情，原因正在于此。相反，有的人也对自己的现状不满，但他却起来行动，力求改变现状，而不是抱怨，结果行动者却成功了，而抱怨者依旧一事无成。

吉姆快40岁了，他受过良好的教育，有一份安定的会计工作，一个人住在芝加哥，他最大的心愿就是早点结婚。他渴望爱情、友谊、甜蜜的家庭、可爱的孩子以及种种相关的事。他有几次差点就要结婚了，有一次只差一天就结婚了。但是每一次临近婚期时，吉姆都因不满他的女朋友而作罢。

有一件事可以证明这一点。两年前吉姆终于找到了梦寐以求的好女孩。她端庄大方、聪明漂亮又体贴。但是，吉姆还要证实这件事是否十全十美。有一个晚上当他们谈到婚姻大事时，新娘突然说了几句坦白的话，吉姆听了有点懊恼。

为了确定他是否已经找到理想的对象，吉姆绞尽脑汁写了一份长达4页的婚约，要女友签字同意以后才结婚。这份文件又整齐、又漂亮，看起来冠冕堂皇，内容包括他所能想象到的每一个生活细节。

他把他们未来的朋友、他太太的职业、将来住哪里以及收入如何分配等等，都不厌其烦地事先计划好了。在文件结尾又花了半页的篇幅详列女方必须戒除或必须养成的一些习惯，例如抽烟、喝酒、化妆、娱乐等等。准新娘看完这份最后通牒，勃然大怒。她不但把它退回，又附了一张便条，上面写道："普通的婚约上有．有福同享，有难同当．这一条，对任何人都适用，当然对我也适用。我们从此一刀两断！"

当吉姆先生收到被退回的婚约时，还委屈地说："你看，我只是写一份同意书而已，又有什么错？婚姻毕竟是终身大事，你不能不慎重行事啊！"

吉姆真是大错特错。他可能过分紧张、过度谨慎，但不论是婚姻，或是任何一件事情，你都不能过分吹毛求疵，以免你所订的每一种标准都偏高了。吉姆先生处理问题的做法，跟他对工作、积蓄、朋友的交情，甚至每一件事情都很相像。

成功的人物并不是在问题发生以前，先把它统统消除，而是一旦发生问题时，有勇气克服种种困难。我们对于一件事情的完美要求必须折中一下，这样才不至于陷入行动以前永远等待的泥沼中。当然最好是有逢山开路、遇水架桥那种大无畏的精神。

当我们决定一件大事时，心里一定会很矛盾，都会面对到底要不要做的困扰。下面的实例是一个年轻人的选择，没有抱怨，而是立即去做，他终于大有收获。

杰米先生是个普通的年轻人，大约20多岁，有太太和小孩，收入并不多。

他们全家住在一间小公寓里，夫妇两人都渴望有一套自己的新房子。他们希望有较大的活动空间、比较干净的环境、小孩有地方玩，同时也增添一份产业。

买房子的确很难，必须有钱支付分期付款的头款才行。有一天，当他签发下个月的房租支票时，突然很不耐烦，因为房租跟新房子每月的分期付款差不多。

杰米跟太太说："下个礼拜我们去买一套新房子，你看怎样？"

"你怎么突然想到这个？"她问，"开玩笑！我们哪有能力！可能连头款都付不起！"

但是他已经下定决心："跟我们一样想买一套新房子的夫妇大约有几十万，其中只有一半能如愿以偿，一定是什么事情才使他们打消这个念头。我们一定要想办法买一套房子。虽然我现在还不知道怎么凑钱，可是一定要想办法。"

下个礼拜他们真的找到一套两人都喜欢的房子、朴素大方又实用，头款是1200美元。他知道无法从银行借到这笔钱，因为这样会妨害他的信用，使他无法获得一项关于销售款项的抵押借款。

可是皇天不负有心人，他突然有了一个灵感，为什么不直接找包销商谈，向他借私款呢？他真的这么去做。包销商起先很冷淡，由于杰米一再坚持，他终于同意了。他同意杰米把1200美元的借款按月偿还100美元，利息另外计算。

现在他要做的是，每个月凑出100美元。夫妇两个想尽办法，一个月可以省下25美元，还有75美元要另外设法筹措。

这时杰米又想到另一个点子。第二天早上他直接跟老板解释这件事，他的老板也很高兴他要买房子。

杰米说："经理先生，你看，为了买房子，我每个月要多赚75美元才行。我知道，当你认为我值得加薪时一定会加，可是我现在很想多赚一点钱；公司的某些事情可能在周末做更好，你能不能答应我在周末加班呢？有没有这个可能呢？"

老板对于他的诚恳和雄心非常感动，真的找出许多事情让他在周末工作10小时，他们因此欢欢喜喜地搬进新房子了。

杰米将想法付诸行动，最终实现了自己买房的夙愿，而不是去抱怨人家为什么有新房之类，如果他一直拖延下去，那么，最终是只能"寄人篱下"了。

与其成为一个被动的人，不如去行动，去改变环境。想等所有的条件都十全十美后再动手，通常是不可能的。由于实际情况与理想永远不能相符，所以只好一直拖下去了，理想也就成了空想。

看来，埋怨除了说明自己无能外，不能说明别的了。

5. 放弃空想主义

脱离实际的空想，以幻想和愿望代替实际行动，只有白白浪费生命。

幻想是一种与生活愿望相结合，并指向未来的想象，它是创造性想象的特殊形式。

幻想有积极的幻想和消极的幻想之分。积极的幻想通常叫“理想”，它是在正确的世界观的指导下产生的。这种幻想能激励人的斗志，鼓舞人的信心，推动人去努力学习和工作。

一个人，如果没有这样的幻想，就会目光短浅，胸襟狭窄，不会为了明天的幸福而努力克服今天的困难。的确，积极的幻想是青年人的一种宝贵的品质。

任何事要用行动去证实它的存在，幻想的事物再美，但它绝不等同于现实。

一个男孩和一个女孩，从认识的那一天起，彼此就有说不出的欣赏，成了好朋友。那时，他们还在上高中，接着就上大学，读研究生，参加工作。

很快，8年已经过去，友情没有一丁点儿的淡化。然而，也仅此而已。

之后，各自去谈恋爱，她有了男朋友，他也有了女朋友。四个人很要好，常在一起玩，笑称都是性情中人。

有一天，这个男孩和这个女孩谈论起一个话题，如果有来世的话，如果可以选择的话，来世做男孩还是女孩?

照例是争得没完没了，女孩还要做女孩，男孩呢，还是要做男孩。他说：“来世我不能不做男孩，因为，我要娶你。”说完又淡淡一笑。

女孩子被钉住似的待在那里，心里恍恍惚惚的——她从来也不知道他是爱她的。

知道了又怎样，错过了已难回头。

现实是此岸，理想是彼岸，中间隔着湍急的河流，行动则是架在河上的桥梁。空有桥，没人走，就成了空想。

6. 坚定前行，排除杂念

具有坚定的信念，甩开包袱断然前行的人，他们的旅行才更轻捷，更稳健，更成功。

一个胆小如鼠的骑士将要进行一次远途旅行，于是他竭力准备好应付旅途中可能遇到的各种问题。他带了一把剑和一副盔甲，为的是对付可能遇到的敌手，一大瓶药膏为防太阳晒伤皮肤或毒藤擦刮伤皮肤，一把斧子用来砍柴，一顶帐篷，一条毯子，锅和盘以及喂马的草料。他出发了，犹如带着一堆移动的货堆。

他来到一座破木桥的中间，桥板突然塌陷，他和他的马都坠入河中，淹死了。临死前那一刻，他很懊悔，他忘了带一个救生筏。

瓦伦达是美国一个著名的高空走钢索表演者，在一次重大的表演中，不幸失足身亡。他的妻子事后说，我知道这一次一定要出事，因为他上场前总是不停地说，这次太重要了，不能失败，绝不能失败；而以前每次成功的表演，他只想着走钢索这件事本身，而不去管这件事可能带来的一切。后来，人们就把专心致志于做事本身而不去管这件事的意义，不患得患失的心态，叫做“瓦伦达心态”。

美国斯坦福大学的一项研究也表明，人大脑里的某一图像会像实际情况那样刺激人的神经系统。比如当一个高尔夫球手击球前一再告诉自己“不要把球打进水里”时，他的大脑里往往就会出现“球掉进水里”的情景，而结果往往事与愿违，这时候球大多都会掉进水里。这项研究从另一个方面证实了瓦伦达心态。

有些时候，一旦迅速进入行动状态后，就来不及多想，逼上梁山，背水一战，只有一条路走到黑。这样反而容易成功。

7. 行动起来，决不拖延

每位成功的人，几乎无一例外的有一个习惯：下定决心就绝不拖延！而且很少改变初衷。而失败的人正好相反，即使下定决心也会拖泥带水，一点都不干脆，或者朝令夕改，反复不定。

一个人易犯的大错，就是怕犯错。犹豫不决是避免责任与犯错的一种“方法”，它有一个谬误的前提：不作决定，不会犯错。完美主义的人，特别惧怕犯错；他从没犯过错，一切事情都做得很完善，如果觉得他对不起这幅完美的图景，强烈的自我就会被击得粉碎，因此，他认为作决定是生死攸关的事情。

这种人为了所谓的完美会尽量不作太多的决定，而且尽量拖延决定，或者是找一个替代品。使用后者的人会仓促地作决定，这种决定大都不成熟，而且一定半途而废。这种人所作的决定不会给他带来困扰，因为他是完美的，任何情况下他都不会出纰漏，因此，何必考虑事实与结果？只要自己相信那是别人的错。即使他的决定出了错，他还是同样能保有他原来的假想。

显而易见，这两种方法都是不足取的。有前者想法的人根本做不了事情，因为他一点也没有行动。有后者想法的人时常在冲动与考虑欠周的行动之间自寻麻烦，总而言之，采用“犹豫不决”的方法是毁灭你内心自我的元凶。

决心的反面即是拖延，拖延是每一个人必须切实地征服的公敌。

成为富翁或者事业成功的人，每一个人都有迅速下定决心的习惯，而且改变初衷的时候会慢慢来。而失败的人则正好相反，遇事迟疑不决、犹豫再三，就算是终于下了决心，也是推三阻四拖泥带水，一点也不干脆利落，而且又喜欢朝令夕改，一日数变。

世间最可怜的，是那些遇事举棋不定，犹豫不决，经常彷徨歧路、不知所措的人，是那些自己没有主意，不能抉择，依赖别人的人。这种主意不定、自信不坚的人，难于得到别人的信任。

有些人简直是无可救药的优柔寡断。他们不敢决定各种事件，因为他们不知道这样决定的结果究竟是好是坏，是吉是凶。有些人本领不差，人格也好，但因为优柔寡断，他们的一生就给糟蹋了。

决断敏捷的人，即使犯错误，也不要紧。因为他对事业的推动作用总比那些胆小狐疑不敢冒险的人敏捷得多。站在河边，待着不动的人，永远不会渡过河去。

假使你有优柔寡断的倾向或习惯，你应该立刻奋起击败这种恶魔，因为它足以破坏你各种进取的机会。

在你决定某一件事情以前，你应该对各方面情况有所了解，你应该运用全部的常识与理智，郑重考虑，一经决定以后，就不要轻易反悔。

养成敏捷、坚决果断的习惯，将会受益无穷。这样，你不但对自己有自信，而且也能得到别人的信任。

主意不定，是一种坏习惯，对于一个人品格的锻炼，更是致命的打击。有这种弱点的人，从来不会是有毅力的人。这种弱点，可以破坏一个人对自己的信赖，可以破坏他的判断力，并有害于他的精神能力。

要成就事业，必须学会成竹在胸，使你的正确决断坚定、稳固得像山岳一样。情感意气的波浪不能震荡它，别人的反对意见以及种种外界的侵袭，都不能打动它。

敏捷、坚毅、决断的力量，是一切力量中的力量。假使你一生没有养成敏捷坚毅的决断能力，那你的一生，将如一叶漂荡在大海中的孤舟。你的生命之舟，将永远漂泊，永远不能靠岸。你的生命之舟，将时时刻刻都处在狂风巨浪的袭击中。

决心的价值取决于下定决心所需的勇气，奠下文明根基的重大决策，往往要背负着生死存亡的风险，才作得成最后的决定。

林肯决心发表其著名的解放黑奴宣言，赋予美国黑人自由。在发表之初，林肯完全了解，此举将使得成千上万原先支持他的朋友和政界人士转而反对他。

苏格拉底宁可喝下毒药，也不愿意调整个人信念，正是凭借勇气所下的决心。此举推进了整个时代的步伐，赋予当时的人那时还未有的思想自由权和发言自由权。

你在搜寻方法窍门的时候，不要去找奇迹，因为奇迹是你找不到的，你只会找到永恒的自然法则。有勇气信心运用这些法则的人，都可以寻获这些定理定律。这些法则可以带给一个国家自由，也可用以累积财富。

能迅速下达坚定决心的人知所取舍，取得所需也往往如探囊取物。各社会阶层、各行各业的精英下起决心来，都既坚定又迅速。唯其如此，才使他们成为成功的人。

8. 十个想法不如一个行动

成功人士的最大特点是敢想敢做，敢想可以使一个人的能力发挥到极致，也可逼得一个人拿出一切勇气，排除所有障碍。敢想使人全速前进而无后顾之忧。敢想更敢干的人，常常会屡建奇功或有意想不到的收获。行动就是力量，唯有行动才可以改变你的命运。十个不切实际的幻想不如一个实际的行动。总是在憧憬，有计划而不去执行，其结果只能是一无所有。

成功人士在工作中都是充满活力的，都是以常人罕见的激情和热情投入工作，为自己执着追求的事业献身的。

才能和本领只会属于那些辛勤工作的人，权力和荣耀也只会属于那些埋头苦干的人；那些无所事事的人总是无能之辈。正是那些十分勤劳和努力的人们在管理、统治这个世界。

英国著名政治家、历史学家克拉伦登在讲到英国国会领袖之一的税务专家汉普登时说：“他是一个十分勤勉的人，即便最辛苦、最繁重的工作也压不倒他，他总是把最重的担子压在自己身上。他总是以常人难以想象的毅力去尽职尽责，懒惰、闲散在他身上都不见踪影。”面对极为繁重的工作，汉普登从不抱怨。有一次，他在给母亲的信中写道：“我的生活就是辛勤工作。几年来，我一直尽力为国家、为国王恪尽职守，尽心尽力，不敢松懈……我无法来孝敬自己亲爱的父母亲，甚至连写一封信的时间都没有。”

在废除谷物法的运动中，英国政治家、下院议员科布登在给一个朋友的信中说自己“像一匹马一样，狂奔不已，没有片刻休息”。

多与各种各样的人接触，老老实实地干自己的事情，这只会激活人身上内在的活力，只会使人增长才干，更加热爱生活。无论在什么时候，人们都能在工作中找到乐趣，在工作中找到幸福。良好的工作习惯、严肃的工作态度、优良的品德和教养是一个人胜任自己工作的基本条件。

能干出辉煌事业的实业家或企业家们，他们中的许多人同样是一流的实干家。他们养成了勤奋的习惯、自觉遵守纪律的习惯、善于思考的习惯等等，这些都是一个成功的实业家所必备的素质。这些人往往善于审时度势，因时、因地、因人而变，因此他们往往能眼观六路、耳听八方，凡事能先发制人，夺人先机。

养成实干作风的年轻人往往十分勤奋、专心，善于接受新知识，他们注重运用正确的方式、方法。因此，他们往往比没有养成实干习惯的人更为敏捷，更具有智谋，更具有胆识。

死死地盯住书本，整天苦思冥想，年久月长，形成了爱想象的习惯，这样的人在现实生活中反而会十分被动；因为他不能适应生活，没有生活能力。善于思考、会做学问是一回事；会生活、会处理实际生活问题又是一回事。

那种认为会读书、有知识就自然会生活，自然是驾驭世事的能手的观点是偏颇的。许多人静坐书斋，洋洋万言信手拈来，但他们提出来的观点在现实生活中根本就行不通。书本与生活是有距离的，只有把二者有机地结合起来的人才是有用之人。

思想家们往往遇事都深思熟虑，而实践家遇事总是先试、先干。这两种人表现出来的风格迥然不同：善于思考的人总是显得优柔寡断，因为他们总是习惯于考虑事情的方方面面，仔细权衡利弊得失，思考问题的前因后果；而那些实干家根本不会去这样思考，他们不会去理会什么逻辑推理，一旦得出确定结论之后，他们即刻就付诸实施，因此，他们总显得雷厉风行。

9. 马上行动起来

养成立即行动的好习惯，才会站在时代潮流的前列；而总是习惯一直拖沓，那么，不知不觉时代就超越了自己，结果自己就被甩到后面去了。

成功的最大敌人就是凡事等待明天。

在所谓的风平浪静的生活中，你也许经常听到这样的话："我要等等看，情况会好转的。"对于有些人来讲，这似乎已经成为他们习以为常的一种生活方式。他们总是明日复明日，因而总是碌碌无为。

那些成功的人士则奉行这样的格言："拖延、迟缓无异于死亡。"

对一位成功者而言，拖延也许是最具破坏性，也是最危险的恶习，它使你丧失了主动的进取心。一旦开始遇事拖拉，你就很容易再次拖延，直到它们变成一种根深蒂固的恶习。可悲的是，拖延的恶习也有累积性，唯一的解决良方，很明显的，正是行动。当你真的放手去做时你会惊讶地发现，你正迅速改变自己和自身的状况。正如英国首相及小说家本杰明·狄斯雷利所说，"行动未必总能带来幸福，但没有行动却一定没有幸福。"

成功者从来不拖延，也不会等到"有朝一日"再去行动，而是今天就动手去干。他们忙忙碌碌尽其所能干了一天之后，第二天又接着去干，不断地努力、失败，直至成功。

要记住一句老话："今天完成的事情不要拖到明天。"成功者一遇到问题就马上动手去解决。他们不花费时间去发愁，因为发愁不能解决问题，只会不断地增加忧虑。当成功者开始集中力量行动时，立刻就兴致勃勃、干劲十足地去寻找解决问题的办法。

成功总是青睐意志坚定、精力充沛、行动迅速的人。这种人不但善于做出决定，而且善于执行决定。当面对问题的时候，他会全面考虑自己所面对的情况，果断地做出选择，然后把它们搁置脑后，转向其他的事情。他不是仅仅制定工作计划，还能够执行工作计划。他不但做出决定，而且还能够将决定贯彻到底。

如果你瞻前顾后，习惯于犹豫不决，不知道自己真正需要什么，那么你将永远不可能成功，这些不是一个成功者的品质。一个成功者不会是一个完人，会有各种各样的缺点，但是他却明白自己的思想。他知道自己需要什么，并且努力追求。他会犯错误，会遇到挫折，但他总是迅速地站起来，继续前行。

一张地图，不论它多么详细，比例尺有多么精密，绝不能够代替它的主人在地面上移动一寸。一部再健全的法律，不论它有多么公正，绝不能够预防罪行。行动，才是滋润成功的食物和水。

赶快行动吧，不要拖延，也不要恐惧什么。拖延，是恐惧的产物，成功的克星。要想克服恐惧，就必须时常毫不犹豫地起而行动，心里的烦躁才会一扫而尽，行动会使恐惧心理减缓，遇到情况时不慌不忙。

一只萤火虫，只有在飞的时候，也就是在行动的时候，才放出萤光。不要像花蝴蝶那样只知道修饰翅膀，依靠花的施与而过活。要成功，就要做萤火虫，用自己行动的光芒照亮前程。

不要逃避今天的责任而等到明天去做，因为，无数个明天以今天为起点，无数个明天是今天的归宿。现在就采取行动吧，即使你的行动不会使你马上得到成功，但是，动而失败总比坐而待毙好。即使成功可能不是行动所摘下来的那个果子，但是，没有行动，任何果子都会在枝上烂掉。

马上行动起来，现在要采取行动，现在必须采取行动。你要一遍又一遍，每一小时、每一天都要重复这句话，一直等到这句话成为像你自己呼吸的次数一样多；而跟在它后面的行动，要像你眨眼睛那种本能一样迅速。任何时刻，当你感到推脱苟且的恶习正悄悄地向你靠近，甚至当此恶习已迅速缠上你，使你动弹不得之际，你都需要用这句话提醒自己。

总有很多事需要完成，如果你正受到怠惰的钳制，那么不妨就从碰见的任何一件事着手。这是件什么事，并不重要，重要的是，你突破了无所事事的恶习。从另一个角度来说，如果你想规避某项杂务，那么你就应该从这项杂务着手，立即进行。否则，事情还是会不断地困扰你，使你觉得繁琐无趣而不愿动手。

当你养成马上行动起来的习惯，那么你就将掌握个人主动进取的精义。

只是站立等待的人也能有所得。更何况，生命中真正的财富往往属于那些能以积极行动寻求的人。成功不会由挂着锦旗徽章的、伴着敲锣打鼓的队伍送来，它只属于长期艰苦努力埋头苦干的人。

采取主动，就能创造自己的机会。缜密思虑下策划的行动，是没有任何东西可以取代的。

不要等待“时来运转”，也不要由于等不到而觉得恼火和委屈，要从小事做起，要用行动争取胜利。

立即行动！在人生每一个阶段的各个方面都要积极地立即行动，它可以帮助你做自己应该做却不想做的事情，对不愉快的工作不再拖延，抓住稍纵即逝的宝贵时机，从而实现梦想，完善你的人生。

10. 别让生命错过

岁月经不起太长的等待，生活经不起太长的耽搁，有的人将梦想变成现实，有的人则把它带入坟墓。别让生命错过！

正在医院里候诊的两位病人谈了起来，他们这次都是因为胃疼的毛病来医院检查的，看医生一时还没有处理完前边的患者，两人也闲得无事，就谈起了自己的希望和对人生的打算：碰巧的是，两位病人都有想去西藏看看的打算，但是以前一直未能成行。后来医生叫两位病人进去检查：很不幸，检查的结果是其中一位得了胃癌，而另一个只是轻微的胃炎。

知道自己得了胃癌的人，感觉到自己人生的时间不多了，决定要马上进行自己一直未进行的计划，他去了一趟西藏，在拉萨的土地上留下了自己的足迹，后来又去了敦煌看千佛洞；去了喜马拉雅山攀登高峰；去了海南以椰子树为背景拍了一张照片；到哈尔滨欣赏了冰灯；读完了莎士比亚的所有作品，重新学习，成为了北京大学的一名学生……

一年后，两人碰巧地又在同一家医院见了面，那个实现了自己愿望的人是接到了医院的通知，要他去复查。原来当初医院的诊治出了差错，他并没有得胃癌，这次是去进一步诊治确认。而另一个只是得胃炎的人又因为别的小毛病而到医院来检查了。

于是，这两个人又聊了起来，那个被错诊的人说：我真的无法想象，要不是这场病，我的生命该是多么的糟糕。是它提醒我，去做自己想做的事，去实现自己想实现的梦想。现在我才体会到什么是真正的生命和人生。而那个只是得了胃炎的人呢？他早已因得的不是癌症而把自己所说过的梦想又放到脑后去了。

原本两个人梦想相同，但是现在只有一个人实现了它，差别就在于一个人去实践它，而另一个人只是偶尔午夜梦回时想起自己还有这样的心愿没有了却，你是不是为着自己的梦去行动了呢？还是让生命一天天错过，错过时光，错过梦想。

有些人把梦想变成了现实，有些人把梦想带进了坟墓。

“你为什么不早点来呢？”多么深刻的一句话呀！当你心爱的女孩还没有出嫁的时候，你为什么不去追求呢？当市场还没有被别的商家占领的时候，你为什么不早来呢？当一项新的科学研究还在萌芽的时候，你为什么不快来争取呢？当……

可惜人生不会给你后悔药吃，如果你不赶紧抢占位置，社会的大舞台上注定没有了你的席位。面对人生，一定要有当机立断的决心才行。

行动是打开成功之门的钥匙。只坐在那儿想打开人生局面，无异于痴人说梦，只有靠自己的双手，行动起来，才会有成功的可能性。

机会总是偏袒于那些敢闯敢拼的人。即使机会还没有来临，我也要现在就去行动！在行动中寻找机会，比等待机会降临更抢占了一步先机。也许我的行动不会带来快乐与成功，但是行而失败总比坐以待毙好。行动也许不会结出快乐的果实，但是没有行动，所有的果实都无法收获。

有一个野心勃勃却没有作品的作家说："我的烦恼是日子过得很快，一直写不出像样的东西。""你看，"他说，"写作是一项很有创造性的工作，要有灵感才行，这样才会提起精神去写，才会有写作的兴趣和热忱。"

说实在的，写作的确需要创造力，但是另一个写出畅销书的作家，他的秘诀是什么呢？

"我用．精神力量．。"他说，"我有许多东西必须按时交稿，因此无论如何不能等到有了灵感才去写，那样根本不行。一定要想办法推动自己的精神力量。方法如下：我先定下心来坐好，拿一支铅笔乱画，想到什么就写什么，尽量放松。我的手先开始活动，用不了多久，我还没注意到时，便已经文思泉涌了。"

"当然有时候不用乱画也会突然心血来潮。"他继续说，"但这些只能算是红利而已，因为大部分的好构想都是在进入正规工作状态以后得来的。"

"明天"、"下个星期"、"以后"、"将来某个时候"或"有一天"，往往就是"永远做不到"的同义词。有很多好计划没有实现，只是因为应该说"我现在就去做，马上开始"的时候，却说"我将来有一天会开始去做"。

如果你时时想到"现在"，就会完成许多事情；如果常想"将来有一天"或"将来什么时候"，那就将一事无成。生命从来经不起太长的等待，行动起来，不要让生命错过。

只有行动才能开创美好的明天。

第四章

人无诚信不立

人无诚信不立。古往今来，成就其事业的人都十分恪守诚信，完善的人生离不开诚信，商鞅立木，尾生抱柱，季布一诺都是诚信的最好说明。诚信是人生的“金字招牌”，无论到什么时候也不会掉色和减轻分量的。诚信是做人的根本和基石。

1. 诚信是一条人生定律

诚信是一条自然法则，更是一条人生定律，是不可违背的。违背的结果就是最终还是会遇到不可逃避的惩罚，无法逃避时间和公平。

“说老实话，办老实事，做老实人”，这是老一辈人的为人信条。但今天，这一信条却大不为一些人认同了。说假话，办假事，制假贩假，用假农药、假化肥坑害农民，用假酒、假烟牟取暴利等等诸如此类成了现今社会的一大痼疾。有一则民谣说：“记者署假名，歌星演假唱，球星踢假球，百姓喝假酒——有人乐于假，有人苦于假。”报载，有一所学校发动学生为灾区募捐，在收上来的捐款中，竟然发现有多张假钞！这真叫人要问一句：今天，做人还需不需要诚实?

清人王永彬在其所著《围炉夜话》里说：“世风之狡诈多端，到底忠厚人颠扑不破；末俗以繁华相尚，终觉冷淡处趣味弥长。”意思是说，尽管社会上盛行尔虞我诈的风气，但说到底还是忠厚老实人能永远立于不败之地；腐朽的社会习俗争相以奢靡浮华为时尚，但毕竟还是在清净平淡之中体会到的淡泊趣味更为持久耐长。

这一段话，似乎是专为今日的人们而说的。尽管社会上“假”字风行，但我们绝不能因此而丢弃诚实这一做人的美德。

只有诚实才会取信于人。诚实是信用的基础，信用出于诚，不诚则无信。这就是诚信。诚信不仅是社会中每个人所应遵从的最基本的道德规范，而且也是处理好人与人之间关系的准则。诚信待人才能感动他人，而说话不算数，处处欺骗别人，就算是在家门口也寸步难行。同时，诚实会使我们内心坦然，而说谎、虚假、欺瞒则会使你的良心受折磨，让你的心境处在一种灰暗、忐忑不安、时刻紧张的状态中。这种自我折磨正是不诚实的必然结果。

许多人把说谎、欺骗视为一种手段，他们相信说谎、欺骗会给自己带来好处。好多信誉很好的商店，也往往掩饰自己货物的弱点，用动人的广告来哄骗消费者。有很多人认为，在商业上，欺骗如同资本一样，是十分必要的。他们认为，在商业上处处讲实话几乎是件不可能的事情。

其实，诚实的声誉与由欺骗暂时所获得的好处相较，其价值高千百倍！商业社会中，最大的危险就是不讲诚信与欺骗。往往在经济萧条时，人们更喜欢利用投机取巧的方法，欺骗顾客，不讲真话或是把应当说的真话秘而不宣。因为他们没有想到，虽然这样的做法暂时在金钱上赚了一些，可是商人的人格和信用却因此损坏了。他们的钱袋里暂时固然增加了一些钱，但他们的人格和信用也丧失殆尽，这终将损害他们的长远利益。

在人际交往中，诚实是基本前提。诚实，才能使人放心，赢得信任，别人才有可能和你推心置腹。虚伪的人，靠欺骗过日子，虽然有时也能取得暂时的效果，一旦被揭穿就臭不可闻。林彪信奉“不说假话办不成大事”，可是他假话说尽了，“大事”也终于没有办成。《儒林外史》中的江湖骗子张铁臂，自称是恩仇必报的侠士，把一个猪头包起来当人头，骗了娄府两公子五百两银子，最后却不揭自穿。欺骗是不能持久的，而诚实却永远会使人家信服。

汉朝的季布以诚著称，时人谚云：“得黄金百斤，不如得季布一诺。”后来，他跟随项羽战败，为刘邦通缉，不少人掩护他，使他安全渡难，后来还是受到重用。宋朝名臣司马光，信笃忠信，史书说他“自少至老，语未尝妄”，他自己也说：“吾无过人者，但平生所为，未尝有不可对人言者耳。”越是诚实的人，信誉越高，越能获得人们的真诚信任。

有的人不讲诚信，却喜欢耍滑头，卖弄小聪明，自以为得计。其实，不管你的滑头看起来多么精细，多么周到，都不可能精细和周到得永远不被人发觉。世界上没有一个狡猾的人，能够狡猾得使人家不知道他是狡猾的。他的狡猾一旦被人们发觉之后，人人都会提防以致厌弃他。“聪明反被聪明误”，生活中因耍小聪明而吃亏的人是不少的。所以，做人应当禁绝圆滑、浮夸、虚伪等卑劣性格；做到坦荡真诚，光明磊落，净如水，洁如冰，心口如一，言行一致。

生活中，有的人总把自己看作“智多星”，把别人看成“糊涂蛋”，动不动就对别人用心计，耍手腕，把自己所拥有的那点小聪明发挥到极致。他们或以谎言取巧，或以诈术牟利，结果成为别人厌恶的对象。

其实，欺诈处世者活得很累，每遇重大事项，靠说谎取巧者常担心谎言被人戳穿，靠行诈牟利者要提防诈术被人识破，心术不正的人往往因此而食不甘味、寝不安眠。综观世事可知，欺诈并非处世长久之计。美国前总统林肯说得好：“你能在所有的时候欺骗某些人，也能在某些时候欺骗所有的人，但你不能在所有的时候欺骗所有的人。”欺诈之术迟早会被人识破，而一旦他的真实嘴脸暴露出来，则上下左右的人必将低看他一等。

做人应以诚待人为好。诚实的人没有大红大紫的荣耀，也没有叶萎花落的悲哀；他一时得不了大利，长远也吃不了大亏；他不是社交圈子的中心，也不会成为生活空间的弃汉；他没有结交三五天便亲密无间的哥们儿，却有相处数十年能心心相印的朋友。相比之下，做一个诚实的人要比狡诈之徒活得踏实、舒坦得多。

2. 守信是立身之本

信守承诺是立身处世的一种高尚的道德品质和情操，更是为人处世的立身之本。

信守承诺也就是守信，是忠诚的外在表现。人生在世，离不开信用，“小信成则大信也”，无论是治国持家还是做生意，讲信用在其中必不可少。一个讲信用的人，能够前后一致，言行一致，表里如一，人们可以根据他的言论去判断他的行为，进行正常的交往。你无法与一个不守信、前后矛盾、言行不一的人长久地相处下去。守信是取信于人的第一方法。

一个人守信是最可贵的品性，要成大事者，必须守信。

诚信之人都是讲信义的，也就是说，他们说过的话一定算数，无论大事小事，一诺千金。

只有守信的人，才会有人信任。只有做到了一诺千金，事业才会有望发展、壮大并蒸蒸日上。

所谓守信，即对许诺一定要承担兑现。“人无信不立”，答应了别人什么事情，对方自然会指望着你，一旦别人发现你开的是“空头支票”，说话不算数，就会产生强烈的反感。“空头支票”不仅仅增添他人的麻烦，而且也损害了你自己的名誉。对别人委托的事情既要尽心尽力地去做，又不要应承自己根本力所不及的事情。华盛顿曾说过：“一定要信守诺言，不要去做力所不及的事情。”如果勉强承担一些力所不及的工作或为哗众取宠而轻许别人，结果却不能如约履行，是很容易失去信赖的。

与人合作，守信是第一原则。守信，会使人对你产生敬意，也因之会使人愿意公平地与你合作。和一个不守信用的人合作，考虑到失信的危险，人们通常会把合作的费用提高，以防万一。比如你是一个信用度不是特别高的人，那你要买别人的货物，一般是要先付款，但是如果别人知道你很讲信用，或者另一个商界同行出面说你非常可信，那么打交道的对方就可能很放心地让你把货先运走，卖完货后再付款。一个要占大量资金，另一个近似于白手赚钱，这中间的出入，就是守信的差别。

守信关系到承诺和应诺两个方面：即答应别人的事或应承的事和如何去完成自己答应过的事。这两方面都要做到位，才是守信的表现。

适度地承诺，具有丰富的内涵，它因人而异，因情势而异，故难以对它做整齐划一的界说。但是，从大多数人的现实境遇中不难看出，承诺如若失度，往往会使人陷入困窘、烦忧，乃至十分尴尬的境地。因此，在通常情况下，在决定承诺之前要防止感情冲动，以保持冷静的头脑，注意承诺的适度。

绝不伤害人生的总体战略和终极目标，是把握适度承诺的总原则，这自然包括那些为了迂回地逼近人生目标而做出的某些具有“战术”意味的承诺。在这方面，有些人缺乏对某些重大承诺与人生大目标的整体把握和判断的能力，应该在做出承诺时减少盲动的因素，增添有益的分辨力。

绝不为自己“制造”力不从心的、不可变更的、日趋沉重的负担而盲目地承诺，是把握适度承诺的前提。因为信守承诺，只有在量力而行、相互体谅、留有余地的情况下，才有望圆满地兑现。这并不降低承诺的严肃性。承诺时留有余地，也是人生的艺术，是处理人际关系走向成熟的一种鲜明标志，这就要求人们做到“恰如其分”地承诺——使对方满意，使自己主动。

履行对他人的承诺（允诺、许诺）谓之应诺。应诺，是一个人学习塑造自身形象、完善自身的一个重要环节。一个人是否能信守承诺，往往鲜明地反映和预示着他的为人风范、精神品位和生活艺术的优劣，以及未来的人生走向。随着社会的发展，合作将成为人们生存方式的主流。在这种情势下，在承诺和应诺方面，就与往昔那种与长期合作伙伴的情况不同，容不得一点儿粗疏。应诺的信誉，往往就是下一次合作或招徕更多合作伙伴的首要前提。在市场经济、知识经济体制下，可以说，它是决定一个人生存成败、经营优劣的命脉。信息时代，一个人信誉良好抑或恶劣，皆可以在瞬间传遍世界，从而成为人们能否体面生存的硬指标。

信守承诺，讲究信誉，是一个人应当拥有的基本素质之一。守信、守时，执著于信誉应该是人的宝贵品质和立身处世的准则。

3. 诚信是人生的“金字招牌”

对于成功者和完善的人格而言，诚信的性格就是一块闪闪发亮的金字招牌！

诚信和被信任对于个人的重要性是不言而喻的。人是在社会中得以体现自己价值的。处在社会中的人，别人对自己的信任度高低，往往会决定我们一生的命运。

人们常讲，诚信是金。这个例证在今天可谓是俯拾皆是。海尔集团从十多年前抡起锤子砸毁自己生产的上百台有质量缺陷的冰箱起，诚信便造就了“海尔”今天中国家电行业龙头老大的地位和打造国际知名品牌的前景；江苏春兰集团首席执行官陶建幸二十年持之以恒地打造诚信企业，甚至被人批评为“保守”也痴心不改，同样，诚信也造就了“春兰”由二十年前的一个普通机电企业，变成了今天年销售额超过百亿元，集制造、科研、投资、贸易于一体的多元化、高科技、国际化的大型现代企业，被经济界誉为“春兰奇迹”。然而对于近年来我们很多“昙花一现”的企业来说，又有多少不是在“诚信”上栽跟头的呢？

新的时代背景下，人与人之间的合作和信任度已成为生存的武器和成功的关键。提高别人对自己的信任度越来越成为掌握自己命运的要素。

别人对自己的信任，在人生道路上所起的关键作用可以用“海星”老总荣海的经历来说明。

荣海所领导的海星集团，从1988年创业时5个人3万元资金发展到现在拥有固定资产逾10亿元，产业横跨计算机、饮品、连锁超市、房地产、高效种植等行业，被誉为“西部奇迹”。

荣海的成功有两次别人对他的信任起了关键作用，一次在1990年，一次在1991年。

1990年，西安的冬天特别冷，冷得让荣海终生难忘。年底，当一直在深圳忙着跑生意的荣海风风火火赶回西安的时候，等待他的却是公司三个副手早已酝酿成熟的瓜分公司计划，就因为荣海在创建公司时曾经说过“海星是大家的，大家都有份”。现在，他该为这句话付出代价。尽管当初创立海星时，三个副手没有投资一分钱，所有的投资是荣海的3万元。但荣海还是恪守了自己的诺言。就这样，海星几年来积累的100万元自有资产被瓜分一空：剩下的只是海星这块牌子和一些旧机器，公司核心层4个人除了荣海都走了，大部分客户也被带走。当他带着愿意留下来的一批人去吃饭时，真是心痛之极、悲愤不已，他动情地说：“好，你们留下，信任我，我一定不会辜负大伙的希望，一定能够闯出一片天地来！”

大伙对荣海的信任是有长期共处的基础，而在几个月后，他取得美国康柏公司的信任则颇有传奇色彩。

海星的真正崛起在于成功地代理了康柏微机。而它的起始，就在1990年底伤了元气的5个月以后。1991年5月，康柏代表来到西安，希望委托一家国营计算机公司开拓西北市场。当时，康柏公司在1990年刚刚进入中国市场，由几个人拿着电脑在市场上推销。虽然康柏电脑价格高，但质量很好，因而主要是用于军事等领域。

巧的是这家国有公司迟迟不能决策。荣海抓住机会，亲自飞到深圳，会见了当时的康柏公司在中国的负责人，和他们谈条件，由于对海星信心不足，也许出于想把荣海吓回去的考虑，康柏提出了非常苛刻的代理条件，且寸步不让。他们的意思就是，别人100元，你就要103元。到了年底的时候，如果你做到一定的量，咱们按100元进行结算；如果做不到一定量，你的中国代理权资格也没有，当时投入的资金也不能收回。第一次谈下来就是要求荣海要做够1400万美元。当时，这是非常困难的。荣海咬着牙就签了下来。那年，就是做到半年的时候，荣海拿到了900万美元的订单。这对一个地处西北地区的企业来讲是很不容易的。紧接着，荣海在外地也设立了自己的分公司。因此，康柏公司逐渐信任荣海，并对他们刮目相看。

那年年底海星拿到了康柏在整个中国地区的代理权资格。这个时期，海星通过康柏公司的总代理，进行了第一期的资本迅速积累，在全国各地的分公司也得到迅速扩展。直到现在海星还是康柏公司在中国最大的总代理商。诚信使荣海走向成功。

要想成功，想提高别人对自己的信任度主要是在平时就养成诚信的习惯。

美国加州大学的一位知名教授在授课中，讲到一次使用老鼠作为实验对象的实验。突然有一位学生站起来发问：“若改用其他动物，实验结果会一样吗？”人们期待教授会有精彩的回答，不料，这位知名教授坦白地回答：“我也不知道！”

一般的教授，恐怕都不会坦率地回答“我不知道”！而多以“我想是这种结果吧”等话，轻描淡写地将问题带过。

隐藏自己的弱点，是人之常情。因此，没有多少人肯坦白承认自己的无知。但是有时候，对于自己不知道的事，坦率地说不知道，在树立形象方面，具有极佳的效果。

这样做可给人正直、坦率的印象，同时，既然有勇气坦率地说“不知道”，就显示出你对其他的事情必然是知道的，这种自信在不知不觉中就会传达给对方。

提高自己的信任度离不开诚信，在生活中、工作中要身体力行，不断增强自己的实力，提高别人对自己的信任度。

人无信不立，业无信不兴，社会无信不稳，我们要养成诚信的好习惯。

4. 讲信用是一种高尚的品质

诚信是一种高尚的品质。讲信用是人生的闪光点。“人而不信，不知其可”。没有信用，人就没有存在的意义。

有一个老锁匠，一生修锁无数，技艺高超，收费合理，深受人们敬重。更主要的是老锁匠为人正直，每修一把锁他都告诉别人他的姓名和地址，说：“如果你家发生了盗窃，只要是用钥匙打开的家门，你就来找我！”

老锁匠老了，为了不让他的技艺失传，人们帮他物色徒弟。最后老锁匠挑中了两个年轻人，准备将一身技艺传给他们。

一段时间以后，两个年轻人都学会了不少东西。但两个人中只有一个能得到真传，老锁匠决定对他们进行一次考试。

老锁匠准备了两个保险柜，分别放在两个房间，让两个徒弟去打开，谁花的时间短谁就是胜者。结果大徒弟只用了不到十分钟就打开了保险柜，而二徒弟却用了半个小时，众人都以为大徒弟必胜无疑。老锁匠问大徒弟：“保险柜里有什么？”大徒弟眼中放出了光亮：“师傅，里面有很多钱，全是百元大钞。”问二徒弟同样的问题，二徒弟支吾了半天说：“师傅，我没看见里面有什么，您只让我打开锁，我就打开了锁。”

老锁匠十分高兴，郑重宣布二徒弟为他的正式接班人。大徒弟不服，众人不解，老锁匠微微一笑说：“不管干什么行业都要讲一个‘信’字，尤其是我们这一行，要有更高的职业道德。我收徒弟是要把他培养成一个高超的锁匠，他必须做到心中只有锁而无其他，对钱财视而不见。否则，心有私念，稍有贪心，登门入室或打开保险柜取钱易如反掌，最终只能害人害己。我们修锁的人，每个人心上都要有一把不能打开的锁。”

言而无信，人之大忌。做人就要做得踏踏实实！

曾子的妻子到市上去，他的儿子哭闹着要跟着去。曾子的妻子说：“你先回去，等回来时，宰只小猪给你吃。”

妻子从市上回来后，曾子要捉小猪杀给儿子吃，妻子不让他杀，说：“这不过是和孩子说着玩的。”

曾子说：“小孩子不可以和他说着玩，他们不懂事，全靠学父母的样子，听父母的言语，现在你欺骗他，不是教他欺骗吗？母亲欺骗儿子，儿子不相信母亲，这不是教养之道。”于是杀了小猪给孩子吃。

有言有信，此之为大丈夫。自己看得起自己，首先要做个“信”者。

诚信是一种重要和高尚的道德品质。诚信是个人成功的一个必要条件。我们每一个人都应该养成守信的好习惯。

5. 诚信是做人的根基

诚信是一种美德，更是一种可贵的品质。养成诚信的习惯，是做人的根基，是为人处世的基础，是一个人成就大业可贵的资本。

诚信是立身之本。天下没有任何一种广告能比诚实守信、言行可靠的声誉更能取信于人，即使仅从利益这一点来考虑，诚信也不失为一种最好的策略。

一个撒谎的人会不可避免地陷入声名狼藉的境地。因为，每一个说谎者迟早都会被人识破，而一旦被别人识破后，就不会再有人相信他了，即使他赌咒发誓，也无力回天。

谎言还会造成任何辩解都无法洗脱的道德上的阴影。从没有人，甚至世界上最坏的人都不会主动承认自己是个骗子。很多人宁愿承认自己犯下更大的罪行，也不愿意告诉别人自己曾散布过谎言。一些人期望通过在他们的叙述中歪曲、修饰事实，来为自己辩解，但是错误决不会变成无罪，因为谎言能导致误解和欺骗，而这些误解和欺骗正是罪恶的导火线。

不论人们的观点是如何的错误，如果能够以诚实的态度来对待，那他们就是值得同情的，也不应因此受到惩罚或遭受嘲笑。有罪的是那些编造谎言或玩把戏的人，而不是那些诚恳地相信谎言的人。世界上没有什么事物比撒谎更加罪不可恕，更加低劣和荒谬。谎言是怨恨、怯懦和空虚的产物。

谎言早晚都会被识破。如果一个人为了某个人，编造了一个恶意的谎话，在一段时间内谎言的确会伤害那个人，但到最后，最大的受害者一定是说谎者自己。一旦谎言被识破，说谎者就会因足以令人声名狼藉的不良动机而颜面扫地。而加之于被陷害者的流言蜚语，不论当时听上去有多么真实，最后都会渐渐消失。

若是一个人为了避免给自己带来危险或羞耻，企图以撒谎或说些模棱两可的话，作为自己曾经说过的话或做过的事的托辞，他立刻就会发现自己内心的恐惧之情。这种不诚实的手段只会给自己带来不安和羞耻感，并且根本无法避开它们。因为，他的良心必将不住地拷问自己的灵魂："你是一个骗子，你不是一个正直、诚实的人！"那时，他就会觉得，自己的表现实在是龌龊、低劣和见不得人的。

一个人不幸犯了错，如果他能坦白承认，便是难能可贵的。这是做出补偿的唯一方法，也是能得到大家谅解的唯一方式。为了避免当前的危险或不便，逃避地说些模棱两可的话，支支吾吾地不知所言，这些伎俩是如此低劣，以至于会把自己的恐慌暴露无遗，最终只会遭到大家的排斥。

还有一种谎言，本身并不伤害他人，但极其荒谬。在这种谎言中，说谎者是他所编造的冒险故事中的英雄，是从险境中逃脱出来的唯一幸存者，他曾亲眼看到别人只是听说或是读到过的事情，他送信时会在一天之中比专门送快件的邮差还送得快。这类谎言表明了捏造者的空虚，并不能达到目的，只会以编造者被识破后的蒙羞与苦恼而告终。因为不久，他就会被人看穿，成为人们轻蔑、奚落的对象。

做一个诚实的人，这不仅是做人的义务所在，更是人生的利益源泉。

6. 言而有信是做人的原则

诚信是一个做人的原则问题。“君子一言，驷马难追”，“一诺千金”，说出的话，泼出去的水。答应或确定的事是不可以轻易更改的，言出必行。

在闻名世界的美国纽约自然博物馆里，陈列着一块数百公斤重的大石头，看上去很普通，可是仔细看，会发现这块石头有一个缺口，顺着缺口看进去，会发现里面是一块闪光耀眼的紫水晶。关于这石头，有一个动人的故事。它本是扔在一个美国人院内的一块废石，因主人觉得它有碍观瞻，让人把它移走。在把它向车上搬运时，不小心掉到了地上，摔出了一个缺口，露出里面包着的紫水晶——价值连城的宝物。当主人得知真相后，很平静地说："这块石头，我本来就是要丢掉的。现在虽然发现它是宝物，想必是上苍的旨意。我一言既出，绝不反悔。我决定不占为己有，将它送给博物馆，让更多的人来欣赏。"

诚信是一个做人的原则问题。石头主人说将石头扔掉，不过是随随便便的一句话，并不是信誓旦旦的诺言，当真也可，不当真也可，但说话人却以严肃的态度来对待自己说过的话。中国有句古语，叫"君子一言，驷马难追"。是说正人君子，要讲信义，不能因任何原因而改变自己的诺言，只有小人才不顾信义，言而无信。石头的主人所说的"一言既出，绝不反悔"与中国的这句话含义是一致的，想必他是要做一个堂堂正正的正人君子，所以很看重自己的形象，宁可失去宝物，而不使自己形象受损。宝物贵重，终可用金钱买到，而形象受损，万金难赎。这是大义所在，只有这样才能求得生活坦然。

在做决策的时候，确定的事不能轻易更改，运筹帷幄方能决胜千里。说话也同样如此。

以前总有奸臣取悦皇上，说皇上是金口玉牙，而别人什么都算不上，他们瞅你不顺眼就说你长的是狗牙。这么看来，他的牙口似乎比皇上还金贵，因为他能左右金口玉牙。但是，从另一个侧面考虑问题，这也有积极的意义。皇上因为牙口的金贵倒不能出尔反尔了，所以，说话之前他们就得深思，这种对语言的把握是谨小慎微的，可是，这样每一句话都有价值。因为客观全面的决定会收获实实在在的结果，跟随口答应大不一样。

说出去的话泼出去的水。什么话说出来就不能咽回去，做人的信誉时刻不能丢。口若悬河未必能够承担大任，真正有能力的人从来不说废话，但是，一开口即能切中要害。他们拒绝草率，力图使任何一句话都具有对你而言的参考价值，这是一种很基本的做人的素质，因为不这样就无法让人对你信任，不信任会带来很多连锁反应，这种反应往往令人应接不暇。

特别是在做决策的时候，确定的事不能轻易更改，决策可以说是做人做事的核心要素，左右着个人的长远发展。运筹帷幄方能决胜千里，但是，这运筹如果不稳定，那么，你的发展就会前景不妙了。

世界上所有闻名于世的领导或成功人士，无论他来自工业、农业生产一线还是机关的干部，或是企业的总裁，他们都知道言语的金贵，君子说话是讲究准确的，那些说话通篇狂妄之言的人素来为他们所鄙夷，人的信誉树立起来难，砸倒是非常容易的。

有时候，你可能是说时无心，殊不知听者有意，他们把你天南海北的话当做真事，继而企盼憧憬。当失望的时候，那是双重的痛苦，然后就是对你一万个不信任。

郁达夫说得好，语言是极为必要的，但是“言语的沟通灵魂，远不如沉默来得彻底，沉默的严肃便是爱和死和生命的严肃。”诚哉斯言。

说话算数，诚信是直接和人的品性联系在一起的。人无信，则无以立。诚信是做人的一项原则。

7. 做人当以信为先

万事信为先，做人也一样。信用好自然能打开局面，赢得众望。必须养成讲信用的习惯，才能得到成功的眷顾。

不管你在什么情况下办什么事，总要对自己所说的话负责。你用自己的行动来说服别人的异议，让他们看到你所做的一切都是算数的。这样，你就给人留下可信的印象或看法，接下来你的工作就顺利多了。

公元前350年，商鞅积极准备第二次变法。

商鞅将准备推行的新法与秦孝公商定后，并没有急于公布。他知道，如果得不到人民的信任，新法是难以施行的。为了取信于民，商鞅采用了立信的办法。

这一天，正是咸阳城赶大集的日子，城区内外人声嘈杂，车水马龙。时近中午，一队侍卫军士在鸣金开路声引导下，护卫着一辆马车向城南走来。马车上除了一根三丈长的木杆外，什么也没装，有些好奇的人便凑过来看个究竟，结果引来了更多的人，人们都弄不清怎么回事，反而更想把它弄清楚，人越聚越多，跟在马车后面一直来到南城门外。

军士们将木杆抬到车下，竖立起来。一名带队的官吏高声对众人说："大良造有令，谁能将此木搬到北门，赏给黄金10两。"

众人议论纷纷。城外来的人问城里的人，青年人问老年人，小孩问父母……谁也说不清怎么回事。因为谁都没有听说过这样的事。有个青年人挽了挽袖子想去试一试，被身旁一位长者一把拉住了，说："别去，天底下哪有这么便宜的事，搬一根木杆给10两黄金，咱可不去出这个风头。"有人跟着说："是啊，我看这事弄不好是要掉脑袋的。"人们就这样议论着，看着，没有人肯上前去试一试。官吏又宣读了一遍商鞅的命令，仍然没有人站出来。

城门楼上，商鞅不动声色地注视着下面发生的一切。过了一会儿，他转身对旁边的侍从吩咐了几句。侍从很快奔下楼去，跑到守在木杆旁的官吏面前，传达商鞅的命令。官吏听完后，提高了声音向众人喊道："大良造有令，谁能将此木杆搬至北门，赏黄金50两！"

众人哗然，更加认为这不会是真的。这时一个中年汉子走出人群对官吏一拱手，说："既然大良造有令，我就来搬，50两黄金不敢奢望，赏几个小钱还是可以的。"

中年汉子扛起木杆直向北门走去，围观的人群又跟着他来到北门。中年汉子放下木杆后被官吏带到商鞅面前。商鞅笑着对中年汉子说："是条汉子！"拿出50两黄金，在手上掂了掂，说："拿去！"

消息迅速从咸阳传向四面八方，国人纷纷传颂商鞅言出必行的美名。商鞅见时机成熟，立即推出新法。第二次变法就这样取得了成功。

《周易·系辞上》中说："天之所助者，顺也；人之所助者，信之。"由此可知，对人诚信的行为可以追溯至殷商时代。《论语·颜渊》中记载，子贡向孔子询问怎样去治理政事，孔子说："足食，足兵，民信之矣。"子贡问："必不符已而去，于斯三者何先？"孔子说："去兵。"子贡又问："逼不得已而去，于斯二者何先？"孔子说："去食。自古皆有死，民无信不立。"可见，诚信才是为人、立身、处世的最可行、最行之有效的办法。

8. 失信一次，伤人一生

一个人失去信誉之后，很多人就再也不愿与之结交。因为失去信誉的人，会让人觉得这是个不负责任的人，与一个不负责任的人交往，自然是心里感到很悬乎，不踏实。

某县新任的县长是基层出身的科班官员，他有丰富的行政经验，有热情而善良的心，同时还具备一定的文人气质。上任时，他的施政演说可谓激情昂扬。大家也热切地期盼有一位真正为民办实事的父母官。他的确是一身正气的好人，但由于政界错综复杂的关系，而他是新官上任，还未站稳脚跟，他的"宣言"无法实施。老百姓有事找他，他具同情心，签上了他的大名，让某某部门办理。由于他的"签单"太多，且缺少魄力，也就很难生效。老百姓戏称他为"签字县长"。从此，这位"签字县长"再向别人许诺什么，人们也不再相信他了。

在社会上失去诚信之后，别人就不敢再轻易相信你，因而也不敢轻易与你来往，这就造成了与人相处的尴尬，你的事业支柱就有倾覆的危险。

曾有这么一个故事：

一个商人临死前告诫自己的儿子："你要想在生意上成功，一定要记住两点——守信和聪明。"

"那么什么叫守信呢？"焦急的儿子问道。

"如果你与别人签订了一份合同，而签字之后你才发现你将因为这份合同而倾家荡产，那么也得照约履行。"

"那么什么叫聪明呢？"

"不要签订这份合同！"

这位商人指明的道理不仅仅适用于商业领域。不管在何种情况下，如果你已经许下诺言，那么不管是什么样的事情，你都不能反悔。假如你已经作了某个承诺，而你却言而无信，最终必然导致糟糕的局面。

这就是轻诺寡信或言而无信的后果。

讲信用并且维护信用，那么对自己的事业而言是明智的，对为人而言是值得的，是不会有过不去的困难的。

奥斯曼，全名奥斯曼·艾哈迈德，出生于埃及伊斯梅利亚城，幼年丧父，由母亲抚养长大。

1940年，奥斯曼以优异的成绩毕业于开罗大学并获得了工学院学士学位，重新回到了伊斯梅利亚城。贫穷的大学毕业生想自谋出路，当一名建筑承包商。但当时奥斯曼身无分文，只得在舅父的承包行里暂时栖身。1942年，他离开舅父，开始了实现自己成为建筑承包商的梦，虽然手里仅有180埃镑，却筹办了自己的建筑承包行。

奥斯曼相信事在人为，人能改变环境，不应成为环境的奴隶。根据在舅父承包行所获得的工作经验，他确立了自己的经营原则："谋事以诚，平等相待，信誉为重。"创业初期，奥斯曼不管业务大小、盈利多少，都积极争取。他第一次承包的是一个极小的项目，他为一个杂货店老板设计一个铺面，合同金只有三埃镑。但他没有拒绝这笔微不足道的买卖，仍是颇费苦心，毫不马虎。他设计的铺面满足了杂货店老板的心意，杂货店老板逢人便称赞奥斯曼，于是，奥斯曼的信誉日益上升。奥斯曼的经营原则使他获得了顾客的信任，他的承包业务也日渐发展。

20世纪50年代后，海湾地区大量发现和开采石油，各国政府相继加快了本国建设的步伐。他们需要扩建皇宫，修筑公路等。这给了奥斯曼一个历史性的机会，他以创业者的远见率领自己的公司开进了海湾地区。他面见沙特阿拉伯国王，陈述自己的意图，并向国王保证：他将以低投标、高质量、讲信誉来承包工程。沙特阿拉伯国王答应了奥斯曼的请求。后来工程完工时，奥斯曼请来沙特国王主持仪式，沙特国王对此极为满意。

奥斯曼讲究信誉，保证质量的为人处世方法和经营原则使他的影响不断扩大。随后几年，奥斯曼在科威特、约旦、苏丹、利比亚等国建立了自己的分公司，成为享誉中东地区的大建筑承包商。

1960年，奥斯曼承包了世界上著名的阿斯旺高坝工程。这个工程的地质构造复杂、气温高、机械老化等不利因素给建筑者带来了重重困难。奥斯曼为了国家和人民的利益，克服一切困难，完成了阿斯旺高坝工程第一期的合龙工程。但随后却发生了一件奥斯曼意料不到的事情，让他吃了大亏。

纳赛尔总统于1961年宣布国有化法令，私人大企业被收归国有。奥斯曼公司在劫难逃。国有化后，奥斯曼公司每年只能收取利润的百分之四。这对奥斯曼和他的公司都是一次沉重的打击。奥斯曼没有忘记自己的诺言，他委曲求全，丝毫不记恨，继续修建阿斯旺高坝。

纳赛尔总统看到了奥斯曼对阿斯旺高坝工程所做的卓越贡献，于1964年授予奥斯曼一级共和国勋章。奥斯曼保全了自己的形象与自己的处事原则。他并没有白吃亏，1970年萨达特执政后，发还了被国有化的私人财产。奥斯曼公司影响扩大，参加了埃及许多大工程的单独承包。奥斯曼本人到1981年拥有40亿美元的财富，成为驰名中东的亿万富翁。

奥斯曼讲究诚信的为人方法，不仅使他在商界获取了巨大的成功，而且使他在政界大放异彩，其关键在于他牢固地树立了自己的诚信形象。

奥斯曼进入内阁后，成为萨达特总统的得力干将。1977年，奥斯曼的儿子和萨达特的女儿结成伉俪，奥斯曼与萨达特成为儿女亲家，来往更加密切。1981年，萨达特任命奥斯曼为主管人民发展事务的副总理，负责制定全国发展计划总纲要。奥斯曼同时被民族民主党人民发展委员会选为主席。

奥斯曼讲求诚信，因而做事对人都是直言不讳。1981年奥斯曼出版了《我的经历随笔》，书中直接指控了已故总统纳赛尔，抨击了纳赛尔执政期间的做法。这引起了纳赛尔亲信们的不满，埃及议会准备成立调查委员会，对奥斯曼进行调查。萨达特总统急忙会晤奥斯曼，商讨对策，最后决定：为了平息风波，息事宁人，停止该书的发行，奥斯曼被迫辞去副总理职务。穆巴拉克任总统后，鉴于奥斯曼在埃及和阿拉伯世界的影响以及他拥有雄厚资金，仍让其担任民族民主党人民发展委员会主席。1984年，他当选为人民议会议员。

讲究诚信使奥斯曼成为巨商，并因此而驰骋政坛，可以说，诚信是他一辈子的财富。

讲信用是做人的一项原则，因此，做人一定要讲信用。

第五章

学习是终身伴侣

从孔子到荀子，从老子到庄子，都劝人学习。“学而时习之”，“学而不思则罔，思而不学则殆”，“敏而好学，不耻下问”；“不积跬步，无以至千里，不积小流，无以成江海”，“学问不厌，好士不倦”，“善学者尽其理，善行者究其难”；“为学日益”，“千里之行，始于足下”；“吾生也有涯，而知也无涯”。这些都是劝学的名篇警句。学习是应终生养成的习惯，从少年到老年，从“日出之阳”到“室中之烛”，无论早晚，都应始终绽放着学习的光辉。学习可以造就完人，少年讲学习，青年讲修养，中年讲功力，老年讲境界，这一切都是从学习中来。

1. 一切知识从学习中来

没有足够的知识储备，一个人很难在事业和生活中取得突破性的进展，更难以向更高的地位发展。歌德曾经说过：“人不是靠他生下来所拥有的一切，而是靠他从学习中得到的一切来造就自己的。”

财富不是最重要的东西，早上腰缠万贯，晚上可能就会一贫如洗，金钱可以被抢走、被剥夺，唯有知识才是一旦拥有永不会失去的东西。人生最大的护身符就是知识和智慧，其实，从某种意义上讲，没有人是贫穷的，除非他没有知识，拥有知识的人拥有一切。

毫无疑问，人的一切知识都是从学习中得来的。一个人从一出生，就开始了自己的学习历程。从学会吃奶，到学会说话、走路、做事等等，无一不是在学习。一个人如果不学习，他的身体可能会健康地成长，但他的心灵却很难得到应有的滋润，更不用说会成为一个身心都健全的人了。一个人对知识的需要，就应该像需要空气一样必不可少。知识比什么都重要，一个人知道得越多，他就越有力量。培根说过：“知识就是力量”。

有这样一个有趣的故事：

一个学者和一群商人一起出海航行，商人们带了很多货物准备大赚一笔。

“你带了什么货物？”商人们问学者。

“我的货物要比你们的有价值得多。”学者回答说。但是，令那群商人吃惊的是，他们找遍了货船也没有发现学者的货物。于是，他们开始嘲笑学者在吹牛。

航行中间，海盗劫持了货船，抢走了船上所有的货物。

船终于靠岸，商人们因被洗劫一空，别无他法，便被困在岸上。而学者则不同，由于他博学多才，立即便受到港口居民的赏识，于是，他便在当地开班授徒。不久，便在当地引起轰动，不仅衣食住行宽裕无忧，而且出入都有大帮弟子前呼后拥。

那些商人看到学者受人尊敬的样子，一个个都明白了当初他所说的“财富”，便感慨地说：“请原谅我们对你的嘲笑吧！我们终于明白了，知识是最有价值的货物，受过教育的人拥有无尽的财富。”

的确，知识的价值远远大于财富的价值。

知识可以改善一个人的心灵，培养令人倾慕的文雅和仁爱的品质。一个人心灵中的迷茫和黑暗，必须用知识来驱除。

人有多少知识，就有多少力量，他的知识和他的能力是相等的。对同一件事情的处理，在其他条件都相同的情况下，一个具有丰富知识和经验的人，比一个知识贫乏或缺乏经验的人，更容易产生出新的联想和独到的见解，也更容易既快又漂亮地把事情处理好。

关于知识的价值，英国哲学家培根有过这样一段精彩的论述：“读史使人明智，读诗使人灵秀，数学使人周密，哲学使人深刻，伦理学使人庄重，逻辑修辞之学使人长于思辨。凡有所学，皆成性格。”而这一切，对于你未来的人生之路是多么的重要啊！

人应该趁着有生之年，学到更多的知识，为自己美好的人生打下坚实而牢固的基础！

2. 处处留心皆学问

人生道路上，处处留心皆学问，人应当利用一切机会充实自己，随时准备学习别人的长处，提高自己，从而取得进步。

人生最大的错误莫过于在懒散、无所事事中浪费时间，这也许是许多人都会犯的通病，一定要极其小心地避免犯这种错误。如果能好好利用自己的时间，那些点点滴滴的时间累积起来的价值将是巨大的，如果浪费掉那些看似毫不起眼的时间，所造成的损失也将是无法挽回的！

聚沙成塔，集腋成裘。几秒钟的时间虽然不长，却构成了永恒历史长河中的伟大时代，并形成了伟大人物与凡夫俗子的分界线。

充分利用时间，也不是指进行不受任何打扰地、严肃地学习。适当的时候，玩耍、娱乐对一个人的身心健康既是必要的，也是有益的，它们能让人紧跟时代的潮流。并且可以从玩耍和娱乐中见识到各种性格和人性，并窥探到没有防备的人心。

许多人出于懒散或侥幸，企图工作和玩乐两不误。但他们的实际情况是，既没有享受到游玩的快乐，也没有很好地完成工作。还有许多人，由于与贪图享乐的人混在一起，他们便自以为自己也是一个会享乐的人了；而另外有一些人，由于有工作可干，他们便自以为自己是一个正在工作着的人了，尽管事实上也许他们什么也没有干。

要利用一切机会充实自己，学习一切人的长处！只要是愿意提高自己，随时随地都能学到知识，获得进步。出于人性中自然的虚荣心，每个人都乐意谈论自己所知道的事情。如果你稍加留心的话，就会在周围和其他地方获得你想了解的很多知识。观察所接触到的事情，给予它们适当的探究，不但能满足人的好奇心，还能增长见识。对于自己所不了解的东西，要勤学好问。

比如一个人在旅行中来到信奉路德教的德国，可以在参观他们的教堂时，顺便参加他们的宗教仪式，观察他们公众礼拜的方式，并询问他们每一个步骤的含义与目的。还可以去听他们的讲道，观察他们讲道的方式。还可以去了解一下他们的教会统治权，是隶属于最高统治者还是隶属于教会？他们的牧师维持生计的方法，是依靠类似于英国的什一税？是依靠教徒自愿的捐赠？还是依靠国家的薪金？如此下去，便能很快地对德国有一个大概的了解。

当到了信奉天主教的国家时，也可以做同样的事：去他们的教堂，看他们所有的仪式，询问它们的含义，找人解释这些名词。比如说，了解他们宗教的一些秩序、它们的创始人、规则、习惯和收入等等。

经常去公众聚会的地方，能增长见闻，开阔视野。比如可以去各种各样的宗教场所。一定要记得，无论当时人们的表现在你看来有多么荒谬，他们都不应成为被嘲笑和讥讽的对象。宗教习俗应该受到尊重。

不管你去哪里，都可以留心一下有关这方面的问题，多了解所到国家的财政税收、商业、贸易、军队、警察等等。如果能带上一个有空白页的书或者是签名纪念册会更好。要学会尽快在册子上记下权威们告诉你的所有有意义的事，以作为备忘。

当一个人愿意学习的时候，哪里都是学习的内容，处处留心皆学问，不经意的学问也会成为大学问，学习应随时随地开始和进行。

3. 学而不辍，时时习之

不管一个人到了多大岁数，也不论他有多么贫穷，只要他是人，就可以学习。人们可以通过学习保持“青春”，保持年轻人的心态，还可以通过学习而获得“财富”，取得精神上的富足。

希腊正教传教士西勒尔年轻的时候，抱着一个很大的希望，那就是专心致志研究《犹太教则》。可是，他没有足够的时间，也没有充裕的金钱，他的愿望显得有些遥不可及，因为他实在太穷了。

在左思右想之后，他终于发现了一个可以完成心愿的办法：拼命地工作，靠工钱的一半过活，把剩下的钱送给学校的看门人。

“这些钱给你，”西勒尔对看门人说，“不过，请你让我进学校去听课，我很想听听贤人们在说什么。”

在几天之内，西勒尔就靠着这种办法听了不少课，可是他的钱实在太少了，到最后他连一片面包也买不起。这时候，让他感到难受的并不是饥饿，而是看门人坚决地拦住了他，不再让他走进学校一步。

怎么办呢？他终于找到了一个好办法。他沿着学校的墙壁慢慢爬上去，然后躺在天窗边。这时候，他就可以清楚地看见教室里面上课的情形，也可以听到教师讲课的声音。

安息日前夕，天寒地冻，冷风刺骨。在第二天，学生们照常到学校去上课，屋外阳光灿烂，可是屋里却漆黑一片。学生们很纳闷，为什么那么暗。

原来，西勒尔躺在天窗上，身上积了一层白雪，已经被冻得半死。他在天窗上已经躺了整整一夜了。

从此以后，凡是有犹太人以贫穷或者没有时间为借口不去求学，人们就会这样问：“你比西勒尔还穷吗？你比他还没有时间吗？”

《犹太法典》中有这样一些话：

“对于像孩子那样学习的人，我们把他比做什么呢？就像用墨水在新鲜洁净的纸上书写。

但对于像老人那样学习的人，我们把他比做什么呢？就像用墨水在破旧不堪的纸上书写。

世界只为了学童们的呼吸而持久存在。

学童们决不能忽视他们的学业，即便是为了建筑神庙也不行。

没有学童的城市终将衰败。”

只要是活着，就要时时刻刻不停地学习，学习是一种神圣的使命和宝贵的机会，绝不应被看做是人为分派的任务。人必须要不断地学习。学问的追求是永无止境的。肯学的人比知识丰富的人更伟大。

4. 学如逆水行舟，不进则退

不学习的人是可怜的，而不求前进的人更是可怕的，学如逆水行舟，你不向前那就只有后退。

对书籍不感兴趣的人，或是“忙得没有功夫看书”的人，终会被时代的急流所淘汰。

汽车大王福特年少时，曾在一家机械商店当店员，周薪只有2．05美元，但他却每周都要花2．03元钱来买机械方面的书，当他结婚时，除了一大堆五花八门的机械杂志和书籍，其他值钱的东西一无所有。就是这些书籍，使福特向着他向往已久的机械世界迈进，开创出一番大事业。功成名就之后，福特曾说道："对年轻人而言，学得将来赚钱所必需的知识与技能，远比蓄财来得重要。"

事实已经证明，受过最成功教育的人，往往是自学成功者或自我教育的人。让人有学问见识的，不光是学位，教育包含的也不只有知识，还有更重要的——运用知识得法和持久的问题。而教育不足，对个人的成长是不利的。发表过《进化论》的达尔文就说过："我的学问最有价值的全是自己苦读学来的。"

对我们有价值的，并不是在学校念过书的事实，而是求学的态度。

不学无术的人，即使活着，也只是行尸走肉罢了！宋代学者任末14岁时并没有固定的老师，他背着书箱，不怕路途遥远和险阻，到处寻师求学。他常说："人如果不学习，怎能有所成就呢？"有时，他在树林里，搭个小茅屋住下，白天削树枝做笔，汲树汁当墨写作；晚上，他就在星月的辉映下读书；遇到没有月亮的黑夜，他便点燃大麻、蒿草之类照亮。读书如有心得，就写在衣服上，以免忘掉。学生们钦佩他的勤学精神，都愿用洁净的衣服换取他写满了字的旧衣服。

学，可以立志；学，可以成才。

学习是每个人的必修课，是缩小自己与优秀分子差距的最快最好的办法，也是实现理想的最为行之有效的方法。

知识经济时代，知识改变命运，知识创造财富。每个人所要做就是快速地改变自己，加入到学习的行列，不断丰富自己的知识体系，改善知识结构，使自己成为知识型的人才。

有工作的人，可以挤出除了工作时间以外的零星时间学习，见缝插针，点滴积累。

读书不失为一个学习的很好的选择。有针对性地选择一些专业书籍和管理书籍，在工作之余阅读，吸收最新最前沿的知识，改善自己的知识结构和知识体系，补充知识养料，更好地服务于本职工作，设计自己的职业生涯。

书籍是人类进步的阶梯。读书，是在向比自己不知道高明多少倍的人学习，是一种“掘金”式的劳动。读书的过程就是和作者对话的过程，书里凝结了专家、学者、精英们的知识精华。通过读书，我们可以方便地获取专家、学者的经验所得，进而指导自己。

参加研讨会也是个很好的尝试。学习最好的办法就是与人沟通、交流，通过沟通交流可以直接地形成观点的对碰，交换经验，交换心得，进而获得启发和动力。交换经验和交换具体的物品是不一样的，两个人交换物品之后，物品就不属于自己了。但是经验交流之后，每人都拥有了两个人的经验。

所以我们应该更多地走出去，参加相关主题的讨论、研讨班，与别人分享经验，交换心得，开阔眼界，开阔思路。

为了更好地完善自己，更好地实现我们的人生目标，我们需要不断努力学习，不断完善和超越自我，从而实现理想。

5. 工欲善其事，必先利其器

“工欲善其事，必先利其器。”（《论语·卫灵公》）达到目的的方法在于学习，在于正确的学习。良好的方法能更好地发挥一个人运用天赋的才能，而拙劣的方法则可能阻碍他才能的发挥。

宋代大诗人梅尧臣，此人满腹经纶、出口成诗，有人对他横溢的诗才感到惊讶，便留心观察他的“秘诀”何在，后来发现他无论走路、吃饭，还是游玩，手里常常拿着一支笔，时而在一张小纸条上写几下，然后就把小纸条装进一个布口袋中。有人打开他那口袋细看时，上面写的全是一联、半联的诗句。原来，梅尧臣的秘诀就在于“积累”。

元末明初人陶宗仪是江苏松江的一位乡村教师。《明史》上说他教学之暇，亲躬耕耘，想的时候，每每把自己的治学心得和诗作、见闻写到伸手摘下的树叶上，然后把它们放进一口瓮里，满了，就埋在树下。十年过去了，装满树叶的瓮有了几十个。一天，他让学生们把那些瓮都挖出来，再将叶子上的文字加以抄录整理成书，这就是我们今天尚可看到的长达30卷的《辍耕录》。

程砚秋年轻时身材不错，中年后发胖了。这时他给自己提出的练功目标是：一要继续保持自己身体的灵活；二要设计更优美的舞姿，使发胖的身体得到遮盖。他很讲究使自己的转身加快速度，讲究以正面对观众的时间尽量缩短，而把侧面对观众的时间拉长。这样，较胖的身体就被他“遮盖”过去，人们往往把他看作是个身段优美的旦角。

周信芳的嗓子，青年时并不带哑，后来变得带哑了。在这种情况下，练功可以起到一定的好转作用，但唱圆可能，唱润难办，于是他就把功夫放到唱得清晰有力、声情并茂上，终于成了一代名角。

劳伦斯是一位物理学家，他是美国南达科他州人。1937年获诺贝尔物理学奖。他是世界上第一个回旋加速器的发明者，研制第一颗原子弹的领导者之一，也是将放射性同位素应用于医学和工业上的先驱。劳伦斯有一个突出的特点：凡事都爱刨根究底。

幼年的劳伦斯有一双蓝色的大眼睛，总是不停地眨动思索着，或是全神贯注地倾听别人谈话，他寻根究底的问话，常常使他的父母不知所措，无言以对。这不，他又盯住了壁炉上的一盒火柴。

“妈妈！那是什么？”他想把那盘神秘的东西拿到手。

“放下！”妈妈一把夺了下来，随手放到围裙的口袋里，“那是火柴，点火用的。”

“妈妈，火是什么？”

“火吗……，就是亮的热的，你看，就像壁炉里的一样。”说完，妈妈又到厨房忙碌去了。

“火是亮的热的。那么，电灯也是亮的热的，那也是火，太阳也是亮的热的，也是火。”劳伦斯自言自语地说着，随手拿起一根木柴，在火上点着了。他想，木柴可以点着，那其他东西能不能点着呢？对！先试试我的衣服。他边想边点着了自己的衣服，看着衣服烧着了，他脸上露出了得意的神色。但无情的火并没有只让他试试就完了，继续哗哗啪啪地烧了起来。

劳伦斯慌了，大声哭喊起来。妈妈从厨房赶来，撕下了他身上正在燃烧的衣服，熄灭了火焰，才免除了一场灾难。为此，劳伦斯的嘴角留下了一块伤疤，成为永久的纪念。这是劳伦斯两岁生日的前一周发生的事。

知识的价值在于运用它，如果不用，知识只不过是一堆废物。然而，获取知识在学习、勤奋而又正确的去学习。

学习是取得知识的钥匙，知识是永恒的财富。

6. 学习分出人高低

人之初，性本善，性相近，习相远。人最初的起点都是差不多的，正是由于后天养成学习的习惯使人逐渐有远近高低之分，养成好习惯，会充实自身，提高自身。

清晨早起读书是一个好习惯，这也要从小时候养成，很多人从小就贪睡懒觉，一遇假日便要睡到日上三竿还高卧不起，平时也是不肯早起，往往蓬头垢面的就往学校跑，结果还是迟到，这样的人长大了之后也常是不知振作，多半不能有什么成就。闻鸡起舞，那才是志士奋励的榜样。

时间就是生命。我们的生命是一分一秒地在消耗着，我们平常不大觉得，细想起来实在值得警惕。我们每天有许多的零碎时间在不知不觉中浪费掉了。我们若能养成一种利用闲暇时间学习的习惯，一遇空闲，无论多么短暂，都努力去做一点有益身心之事，则积少成多终必有成。常听人讲起“消遣”二字，好像是时间太多无法打发的样子。其实人生短促极了，哪会有多余的时间待人“消遣”？陆放翁有诗云：“待饭未来还读书”。我知道有人就经常利用这“待饭未来”的时间读了不少的大书。古人所谓“三上之功”，即枕上、马上、厕上，虽不足为训，其用意是在劝人不要浪费光阴，多多学习。

刻苦学习和钻研是我们这个民族的传统。古圣先贤总是教训我们要能吃苦能耐寂寞，所谓“嚼得菜根”，就是表示一个有志的人能耐清寒，恶之恶食，不足为耻，丰衣足食，不足为荣，这在个人之修养上是应有的认识。罗马帝国昌盛时的一位皇帝，他从小就摒绝一切享受，抓紧时间学习，从来不参观那些当时风靡全国的赛车比武之类的娱乐，终其身成为一位严肃的苦修派的哲学家，而且也建立了不朽的事功，这是很令人钦佩的。

“勿以善小而不为”。习惯养成之后，便毫无勉强，临事心平气和，顺理成章。养成爱学习的习惯，是完善自身和提高自己，使自己成才的必经之路。

7. 学无止境，当终身践行

许多人以为，学习只是青少年时代的事情，只有学校才是学习的场所，自己已经是成年人，并且早已走向社会了，因而再没有必要进行学习，除非为了取得文凭。这种认识是十分错误的、有害的，知识是无止境的，学习也应该是无止境的。

学校里学的东西是十分有限的。工作中、生活中需要的相当多的知识和技能，课本上都没有，老师也没有教给我们，这些东西完全要靠我们在实践中边学边摸索。

如果离开了学校就不继续学习，那么就无法取得生活和工作需要的知识，无法使自己适应急速变化的时代，不仅不能搞好本职工作，反而有被时代淘汰的危险。

有些人走出学校投身社会后，往往不再重视学习，似乎头脑里面装的东西已经够多了，再学就会胀破脑袋。殊不知学校里学到的只是一些基础知识，数量也十分有限，离实际需要还差得很远。特别是在科学技术飞速发展的今天，我们只有以更大的热情，如饥似渴地学习、学习、再学习，才能使自己丰富和深刻起来，才能不断地提高自己的整体素质，以便更好地投身到工作和事业中。

根据剑桥大学的一项调查，半数的劳工技能在1至5年内就会变得一无所用，而以前这段技能的淘汰期是7至14年。特别是在工程界，毕业后所学专业还能派上用场的不足四分之一。

知识经济的时代，学习已变成随时随地的必要选择。

“用学习创造利润。”这已被管理学界和企业界公认为当今和未来“赢”的策略。

尺有所短，寸有所长，即使是圣人，也有短处，也有不知道的地方。但明智的人一旦知道自己特长何在便努力学习，善加运用，使其掩盖了自己的短处。

孔子乘着一辆马车周游列国。一天，他来到一个地方，见有个孩子用泥土围了一座城，坐在里面玩耍。

“你看见马车过来为什么不躲开呀？”孔子问孩子。

“从古到今，只有车子躲开城，哪有城躲车子的道理？”

孔子愣了一下，走下马车，问道：“你叫什么名字？”

“我叫项橐。”

“你的嘴很厉害，我想考考你什么山上没有石头？什么水里没有鱼儿？什么车没有轮子？……”

“您老人家听着——土山上没有石头；井水中没有鱼儿；用人抬的轿子没有轮子……”

孔子一连提了十几个问题，都难不住孩子。

“现在轮到我来考您了……鹅和鸭为什么能浮在水面上？鸿雁和仙鹤为什么善于鸣叫？……”

“鹅和鸭能浮在水面上，是因为脚是方的；鸿雁和仙鹤善于鸣叫，是因为它们的脖子长……”

“不对！鱼鳖能浮在水面上，难道也是因为它们的脚是方的吗？青蛙善于鸣叫，它们的脖子长吗？……”

孔子佩服这孩子知识渊博，连自己也辩不过他，只好拱手连声说：“后生可畏！后生可畏！”说完，孔子就驾着车绕道走了。

学习是你改变自己的关键所在。只有学了，你才懂得运用，也才会用知识、用学习改变自己的一生。只有不断地学习才能弥补自身的不足，才能使我们丰富和深刻起来，杰出的人物几乎都是学有所成之士，只有无知的人才会轻视学习。

8. 永远学习，及时充电

成功不是一朝一夕的事，而在于长久的积累，这就需要每一个有志于成功的人不断地学习、不断地积累，尤其是走出校门后的继续学习，更是成功道路上十分重要的一步。

未来学家托夫勒说过，力量有三种表现形式，即暴力、财富和知识。

早在16～17世纪，英国的弗兰西斯·培根就提出了“知识就是力量”的著名论断，他写道：“人类知识和人类的权力归于一点，任何人有了科学知识，才可能驾驭自然、改造自然，没有知识是不可能有所作为的。”

这一论断解放了人的思想，推动了资本主义经济的发展。后来马克思发现，科学知识首先获得了名副其实的“力量”的使命，成为生产财富的手段，从而提出了科学技术是生产力的科学论断。

随着社会的发展，知识的作用愈加重要，特别是知识经济即将来临的今天，如果不继续学习就会被淘汰。可以说，知识不仅是力量，而且是最核心的力量，终极力量。

暴力有限，财富有价，而知识无限又无价。反之，知识的“暴力”才是最大的暴力，看看当今的各种高精尖武器就用不着更多解释，另外，知识不仅创造财富，知识本身就是财富。

人类正在步入一个以知识（智力）资源的占有、配置、生产、分配、使用（消费）为最重要因素的经济时代，即知识经济时代，在这个时代，所有经济行为都依赖于知识的存在。在经济生产的要素中，知识占主导地位，其他生产要素都要靠知识来更新、来装备、来衡量。知识在其生产、传播和应用的过程中，无不挟带着滚滚的财源。市场竞争已从产品竞争延伸到工作间的创意和实验室中的交锋；劳动生产率的竞争已变成了“知识生产率”的竞争。即生产率和经济增长，取决于技术进步和知识积累的速度，取决于创造知识（创新）和应用知识的能力和效率。对此，李嘉诚先生曾深有体会地说过，在知识经济的时代里，如果你有资金，但是缺乏知识，没有新的讯息，无论何种行业，你越拼搏，失败的可能性越大，但是你有知识，没有资金的话，小小的付出都能够有回报，并且很可能达到成功，现在跟数十年前相比，知识和资金在通往成功路上所起的作用完全不同。

我们在学习时的确能学到前人的经验，能学到很多的知识，但是，由于书本知识与现实生活知识有一定的距离，现实感很强的学生就学不进去，而老师的视野里又常常有一个误区，似乎这些学生就不是好学生，其实，我们都有一个体会：那些只会读书的学生不见得就有出息，相反那些调皮捣蛋的学生往往有所作为。

现实感强的人，在现实生活中就会如鱼得水。他们的成功率要比书呆子们高出很多。

很多人离开了学校之后，才知道要读书，他们还有成功的机会。不幸的是有些人只是发出叹息，说什么悔之晚矣。

走出校门学习，你的学习就有了针对性，因为这时要学习的内容与你的生活有密切的关系，你是带着问题来学习的，所以，你就会觉得学习的效果特别好，你一学就见到了效果，就会进一步激发起你学习的积极性。

走出校门学习，就不会受到什么限制，就能随心所欲的学习自己想学的知识，你觉得什么对你有用，你才学，所以就不会浪费自己的时间，这更有利于你在某一方面取得很快的进步。

有志者，不管在什么情况下都不会放弃学习，因为他知道要实现自己的志向，就必须掌握必要的知识，他就会利用一切时间和机会去学习知识。

很多人走出校门后，首先被谋生的问题所困扰，一天到晚疲于奔命，慢慢地就会放弃学习，而只有意志坚强的人才能坚持不忘自己的使命，因为他们知道掌握了一定知识之后，才有可能走向成功。

人们认为“不可能”做的事，往往不是由于缺乏力量和金钱，而是由于缺乏想象和观念。

古希腊哲学家柏拉图在两千多年前就断言：“知识是一切能力中最强的力量。”

前苏联文学家高尔基则认为：“只有知识才是力量。”

法国作家雨果甚至在《悲惨世界》里提出：“人类只应当受知识的统治。”

物质财富可以私有也可以公有，但同一物品只能供有限人使用，使用越多其价值越低；知识财富可以私有也可以公有，但使用知识的人越多，其价值越高。

知识作为商品的另一个突出特点就是它有独一无二性和不可取代性。知识的供方是垄断的，知识产权和知识保密使得知识成本十分昂贵。从这个意义上说，谁掌握了最新知识，谁就掌握了巨大的财富。因此，掌握现代知识，并具创新和运用能力的人成为知识经济中的决定因素。财富的再定义和利益的再分配取决于拥有的信息、知识的多少及创造力的高低。

美国前总统克林顿的首任劳工部长罗伯特·希赖在其名著《国家任务——迎接21世纪》中写道：“我们正经历一场转变，这一转变将重组下一世纪的政治和经济。将会没有一国的产品或技术，没有一国的公司，没有一国的工业。至少将不再有我们通常所知的一国的经济。存留于国家界限之内的一切，是组成国家的公民。每一国家的重要财富将是其公民的技能。”

日本管理顾问大前健一在《无疆界的世界》中也强调：“如果你看看

当今繁荣的国家——瑞士、新加坡、韩国和日本，你会发现它们有着共同的特点：国土小，没资源，接受良好教育的勤劳人民都有参与全球经济的雄心。拥有丰富的资源确实减缓了一个国家的发展，因为那里的官僚们仍然以为金钱能解决一切问题。在真正相互关联的全球经济中，成功的主要因素从资源转移到了市场，为了繁荣，你不得不在市场上参与。这意味着人是创造财富的唯一真正的工具。”

原始社会，人的力量十分渺小，人的存在是以自然的存在来解释说明的；在农业社会，土地、劳动力是社会发展的关键的经济因素，是人追求的目标；在传统的工业社会，货币资本、自然资源成为社会发展最关键的经济因素；而在知识经济时代，由于知识与经济的一体化，使知识、信息、智能以及人才真正成为经济发展的最关键的决定因素，成为人们追逐的目标，人及其知识才真正成为全社会的主体与核心，成为社会发展的第一资源、第一资本、第一需要和第一力量。

知识经济时代，是彻底的“以人为本”的时代。高智慧的人才将决定一个企业乃至一个产业的兴衰，企业的竞争将集中在人才上。“夫争天下者，必先争人。”（《管子·霸言》）反过来说，一个人的知识越多，就越有价值。高知高酬、高智高位，势所必然。

这又从另一个方面突出了学习的极端重要性，正如国际经合组织在关于知识经济的报告中所指出的那样：“在知识经济中，学习是极为重要的，可以决定个人、企业乃至国家的经济命运。”

古人曾云“万般皆下品，唯有读书高”，在今天看来，这似乎是陈腐的观念，但其中的道理却值得借鉴，即：学习是永不过时的真理，只有学习才会提高，只有不断的提高才会成功。

9. 学习是一生的需要

学无止境，成功需要终生学习，信息革命的时代，学习将成为终生的需要。

当今世界，知识、技术更新换代的速度让人目不暇接，要使自己能够跟上时代发展的步伐，就要不断地学习。

荀子在《劝学》中就说过：“学不可以已。”意思是说，学习是不可半途而废的。人如果停止学习，就会停滞，就会退步。从人的自我发展和自我实现来说，一旦停止学习，也就到头了。

如果停止学习，你就要落伍，就要被时代淘汰，你的生存就会受到威胁，就谈不上发展，更谈不上自我实现。

1994年，杨澜从一个学生成为《正大综艺》的节目主持人，把一个有着良好家教和较高文化素养的青春少女的形象和富有女性细腻情感的职业妇女的形象统一在一起，为我们创造了一种既高雅又本色，既轻松又令人回味的主持风格。

在完成了《正大综艺》200期制作之后，杨澜去了美国，攻读哥伦比亚大学国际传媒硕士学位。

当时很多人都不理解，因为杨澜已经取得了成功，已经成为世界级的著名节目主持人，她完全可以在她的地位上享受她已经获得的荣誉。但是，越是有功底的人越能体会到功底和学识的重要，越能产生在功底和学识上进一步提升自己的渴望，所以杨澜离开了众人羡慕的主持人位置，去美国读书，又成了一名学生。

当杨澜再一次出现在媒体上时，她的形象发生了很大的变化。她的境界提升了，她在自己的人生道路上又上了一个台阶。

人的潜能是很大的，成功没有止境，学习也是没有止境的。

只有不断地学习，你才会有不断的进步。

只有那些不断进取、不满足、不断超越自己的人才值得我们敬仰。

过去，我们也爱说这样一句话：活到老，学到老。

现代社会的发展变化是很快的，一个人一旦停止了学习，就会成为社会的落伍者，他将在快速发展的社会里找不到自己的位置。

很多人会找借口说："我已经太老了，学不会了。"或者说："我有一大家子人等着我去养活，哪有时间去学习？"这实际上是人性中不可救药的弱点。人都有这个弱点，就是得过且过，苟且偷安，贪图享受，安于现状。

人生有很多个层次，要想达到上层境界乃至最高层次的人生境界，人就必须用一生的时间去学习，去努力。满足现状，就等于自己宣告自己生命的结束。

人的一生就是学习的一生。

学会学习，你就会有收获的一生。

学会学习，你就会有成功的一生。

学会学习，你的一生就有了意义。

只有学习才是人终生的事业。

10. 每天学习一点，充实一生

持之以恒，坚持每天学一点东西，才能有助于一个人最后达到成功。

每天都坚持学一点东西，使自己充实起来，就始终不会被快速发展的时代抛到后面，也使自己有足够的智慧应对各种危机和风险。

许多人想在顷刻之间成就丰功伟绩，这显然是不可能的。其实，任何事情都是渐变的，只有持之以恒，每天坚持学一点东西，才能有助于一个人最后达到成功。

现实生活中有许多人，尽管他们的资质很好，却一生平庸，原因是他们不求进步，在工作中唯一能看到的就是薪水。因此，他们前途黯淡，希望渺茫。

无论薪水多么微薄，你如果能时时注意去读一些书籍，去获取一些有价值的知识，这必将对你的事业有很大的助益。一些人尽管薪水微薄，但他们工作很刻苦，尤其可贵的是，他们能在每天空闲的时候，如晚上或周末时间，到补习学校里去读书，或是自己买了书来自修，以增长他们的知识，最终他们也不再会是原来的水平，乃至取得很大的成功。

一个人的知识储备越多，才能越丰富，生活越充实。

有一位年轻人，他出门的时间比在家的时间还要多，有时乘火车，有时坐轮船，但无论到什么地方，他总是随身携带着一本书籍，以供随时阅读。一般人浪费的零碎时间，他都能用来自修、阅读。结果，他对于历史、文学、科学以及其他各国的重要学问，都有相当的见地，成为一个学识渊博的人，从而促成了自己一生的成功。但是，大多数人却在浪费自己的宝贵零碎时间，甚至在那些时间里去做对身心有害的事情。

自强不息，追求进步的精神，是一个人卓越超群的标志，更是一个人成功的征兆。

一个人，只要能利用有限的零碎时间去读书，总会取得很大的成就，可恰恰相反，很多人却浪费了这些空闲时间，到头来等待他的肯定不会是成功。

当今的社会，竞争非常激烈，生活更显艰难。这就更要求人们善于利用时间，来增进自己的知识。

大部分人无意多读书、多思考，无意在报纸、杂志、书本当中尽量汲取各种宝贵的知识，而是把宝贵的时间耗费在无谓的事情上，实在是一件最可惜、最令人痛心的事情。他们还不明白，知识是无价之宝，能使人们获得无限的财富。

读万卷书，行万里路，是说人要有较多的知识和丰富的阅历，也就是要人们能理论联系实际，善于利用知识处理各种事情。丰富的阅历是成大事者不可缺少的资本，所以，我们不但要注重书本知识，也要注重生活中的知识。

宋代大诗人陆游有诗云：“纸上得来终觉浅，绝知此事要躬行。”读书学习获取知识诚然重要，但实践获真知也是必不可少的。

现在是知识经济时代，谁拥有了知识，谁就拥有了追求成功的第一要素。

人们已经认识到：知识与能力并不完全是相等的，知识并不等于能力。21世纪对能力的新要求，迫使人们重新审视自己所学的知识。

不管时代怎样发展，都应使头脑保持清醒，必须清晰明了地理解知识与能力的关系。

知识就是力量，但各种学问并不把它们本身的用途教给我们，如何应用这些学问乃是学问以外的、学问以上的一种智慧。

有了知识，并不等于有了与之相应的能力，运用与知识之间还有一个即学以致用的过程。学了知识不运用，如同耕地不播种。

有很多的知识但却不知如何应用，那么所拥有的知识就只是死的知识。死的知识不能解决实际问题。

因此，学习时，不但要让自己成为知识的仓库，还要让自己成为知识的熔炉，把所学知识在熔炉中消化，吸收。

学习时，应加强知识的学习和能力的培养，并把两者的关系调整到最佳位置，使知识与能力能够相得益彰、相互促进，发挥出巨大的潜力和作用。

所以，每个人不仅应该苦读与爱好、兴趣、职业有关的“有字之书”，同时还应该领悟生活中的“无字之书”。

通过阅读“有字之书”，你可以学习前人积累的知识、前人学以致用的经验，并从中加以借鉴，避免走岔道、走弯路；通过读“无字之书”，你可以了解现实，认识世界，并从“创造历史”的人那里学到书本上没有的知识。

“用自己的眼睛去读世间这一部活书。”“倘只看书，便变成书橱，即使自己觉得有趣，而那趣味其实是已在逐渐硬化，逐渐死去了。”“与有肝胆人共事，须从无字处读书。”

重视“读世间这一部活书”，读“无字之书”，是鲁迅先生的主张。

鲁迅少年时代有很长的一段时间在农村度过，而且也乐于与农村少年为友，喜欢到农村看社戏。他从农村少年、农村社戏中了解了很多农村生活，也因此增长了不少见识，他后来创作的《故乡》、《社戏》等短篇小说的生活素材都是在那时积累的。

鲁迅一生写了很多针砭时弊的杂文，其犀利的语言，也来自对“无字之书”的知识积累。如果不注意读社会现实这部“无字之书”，只知闭门做学问，他又怎么会从中看出“世人的真面目”，怎么会成为“一个犀利的画家”，用他手中那支强而有力、泼辣而幽默的笔，描画出黑暗势力的丑陋面目呢？怎么能“嬉笑怒骂皆成文章”呢？

学习，就要抓住一切能学的东西，从课本到现实，每天必须学，必须有所进步。充实自己，丰富自己，使自己的知识渊博起来。

第六章

思考的人生最美丽

有的人只看见他整天忙得像风车，团团转，但实际上没有一点效果。为什么呢？其实，是他没有用脑袋去思考的缘故。行动不一定只靠手、脚，思考也很重要，思考也是一种行动。没有思考就没有计划，就没有对自身和事物的正确、清晰的认识，只能是瞎忙，碌碌无为还浪费精力。人生应该学会思考，善于思考。

1. 思考才能制胜

人们总是习惯于现成的东西，思考也是如此，但是思考的威力却是在于另辟蹊径，走与别人不一样的路子。善于思考才能出奇制胜。

德国奔驰汽车公司的成功经验就在于经营者善于思考，出奇制胜，采取了逆向思维的办法。公司总裁埃沙德·路透走出的险棋是：在巴黎举办汽车赛。

20世纪最后二十年，日美汽车大量侵入西欧，几乎把欧洲的汽车工业挤到了灭亡的边缘。像以“车到山前必有路，有路就有丰田车”著称的日本丰田汽车公司，以其优质低价的汽车而风靡全球。这一次汽车赛很明显，如果奔驰失败，那就很难想象会有人愿意花两辆丰田车的价钱去买一辆笨手笨脚的奔驰车了——尽管奔驰车的质量无与伦比，尽管奔驰车耐用又舒适豪华，这一次一旦失败，奔驰车将毫无疑问地被挤出强者的行列。

5月的巴黎气候宜人，第18届世界汽车大赛就在这里举行。赛场上，依次排列着十几辆世界级品牌的高级汽车，奔驰车以其豪华的造型位居其列。比赛开始了，奔驰公司的总裁埃沙德·路透一眼不眨地盯着大屏幕，注视着一路烟尘而去的小汽车。

毕竟都是世界名牌，无论是日本的丰田、本田，还是美国的雪佛兰、野马，谁也没有占到丝毫优势。奔驰车夹在日美汽车中间，速度上是丝毫不逊色，然而它也仅能与之并驾齐驱，看不出有什么优势。

路透的心简直提到嗓子眼了，周围的几个助手大气都不敢出一声，一起注视着赛场上奔驰的命运。赛程过半的时候，路透轻轻吁了一口气，因为奔驰已显现出了一点微弱的优势。很快，各型汽车都将车速提到最高的限度，开始了最后冲刺……

随着一阵欢呼，路透终于揉了揉眼睛，脸上露出了自信的笑容。奔驰车赢了，超过了它所有的竞争对手。这一胜利，不仅保住了欧洲汽车工业的一席之地，而且更加稳固了奔驰汽车在世界汽车工业中的地位。

其实早在十年之前乃至更久以前，奔驰汽车就已经以其雄厚的实力而雄踞于世界汽车制造业前列：世界上最早的一辆汽车就叫奔驰，而奔驰公司的创始人卡尔·本茨和哥特里普·戴姆勒正是汽车的缔造者。只是到了埃沙德·路透的时候，这个满怀雄心壮志的德国人，决定要采取另一种竞争方式来稳固奔驰的地位。

“奔驰车将以两倍于别人的价格出售”，这话说起来就像唱山歌一样动听，做起来难度之大可想而知，然而路透似乎早已下定了决心，他知道如果不设法提高奔驰车的质量，在以后越来越激烈的竞争中势必适应不了风云变幻的市场变化，靠老牌子吃饭是支持不了多久的，他感到自己有责任来为奔驰开辟新的发展道路。

为了激励全体员工来共同实现新的目标，路透感觉到有必要亲自到车间和试验场去身体力行一番。他当然知道这逆道而行的一步如果成功将给奔驰公司带来多么高的荣誉，但他更清楚这一步一旦失足会有多么大的损失。他必须鼓起所有的士气走好这一步险棋。

在奔驰600型高级轿车问世之前，路透便对他的技术专家们说：“我最近想出了一则很优秀的汽车广告，当然是为咱们奔驰想的。这则广告是：‘当这种奔驰轿车行驶的时候，最大的噪音来自于车内的电子钟。’我准备把这种奔驰车定价为17万马克。”专家们当然明白总裁的意思，却仍不免大吃一惊：17万马克，买普通轿车能买好多辆啊！

也许是总裁的表现感动了那帮专家，他们废寝忘食地工作，以惊人的速度把成功的新型优质奔驰轿车交给了埃沙德·路透。路透拿到新型轿车钥匙后的第一道命令便是宣布将奔驰轿车的价格提高一倍。这个命令不仅让整个德国震惊，更是让全世界的汽车工业惊惶不已。

路透的愿望还是很快变成了现实，闻名世界的高级豪华型轿车奔驰600问世了，它成了奔驰轿车家族中最高级的车型，其内部的豪华装饰，外部的美观造型，无与伦比的质量都令人叹为观止。很快，各国的政府首脑、王公贵族以及知名人士都竞相挑选奔驰600作为自己的交通工具，因为，拥有奔驰，不仅仅是财富的象征。

现在，奔驰汽车公司已是德国汽车制造业最大的垄断组织，也是世界商用汽车的最大跨国制造企业之一，奔驰汽车以优质高价著称于世，历时百年而不衰。

当其他企业大多从降低成本、降低自己商品的价格来达到增强竞争能力的目的时，而奔驰公司则反其道而行却大获成功，这不能不给人某种启示：当很多人在往同一条路上挤的时候，只要你拥有足够的实力和信心，开动脑筋另谋出路而取之，也许会达到殊途同归的目的。

2. 不让已知阻碍我们的思维

人们常常作茧自缚，捆住手脚，是因为他们被已知阻碍了思维，头脑被圈禁在一个狭小的思维中，只有独立思考，坚持自由的态度，才会从禁锢中解放出来。

形成思维的“栅栏”，作茧自缚，通常有其内在的原因，是由于思维的知觉性障碍、判断力障碍以及常规思维的惯性障碍所导致的。知觉是接受信息的通道，感觉和知觉的领域狭窄，通道自然受阻，创造力也就无从激发。这条通道要保持通畅，才能使信息流丰盈、多样，使新信息、新知识的获得成为可能，也才可能使得信息检索能力得到锻炼，不断增长其敏锐的接收能力、详略适度的筛选能力和信息精化的提炼能力，这是形成自由的开放思想的重要前提。判断性障碍大多产生于心理偏见和观念偏离。要使判断恢复客观，首先需要矫正心理视觉，使之采取开放的态度，注意事物自身的特性而不囿于固有的见解或观念。这在新事物迅猛增殖、新知识快速增加的当今时代，尤其值得重视。常规思维的惯性，又可称之为“思维定势”，这是一种人人皆有的思维状态。当它在支配常态生活时，还似乎有某种“习惯成自然”的便利，所以不能说它的作用全不好，但是，当面对新事物时，如若仍受其约束，就会形成对创造力的障碍。

要从思维的“栅栏”走出来，还创造力以自由，首先就要还思维状态以自由，突破常规思维。在此基础上，保持开放的、积极的心态，对世界的人与事，持平视的、平等的姿态，对创造活动，持成败皆为收获、过程才是最佳的精神状态，这样，我们将有望形成十分有利于创造生涯的心理品质，并使得有可能产生的形形色色的内在消极因素及时地得以克服。

传统的已知的想法会冻结你的心灵，阻碍你的进步，干扰你的创造能力。

要乐于接受各种创意。要摒弃“不可行”、“办不到”、“没有用”、等思想渣滓。

要主动前进，而不是被动后退。

成功的人总是带着问题而生存的。“我怎么才能改进我的表现呢？我如何做得更好？”做任何事情，总有改进的余地，成功者能认识到这一点，因此他总在探索一条更好的道路。

突破常规就要求打破传统思维，建立新的理性的思维方式。

每一个人都具有想象力，而想象力正是创造力的泉源。想象是突破固有思维的一种武器。将想象所见尽量描绘出来，就是一种思考的运作；发明一样东西或创造一样东西，也都是发挥想象力。

想象力丰富的人，好奇心会比别人强十倍。

好奇心强烈的人，不但对于吸收新知识抱有高度的热忱，并且经常搜寻处理事物的新方法。一个人没有了好奇心，就不可能花心思研究新事物，只是遵循前人的步伐原地踏步而已，更不用说会有惊人的成就出现了。

要学会从空间和时间观察和理解人与环境，善于从关系中认识自己，知道自己在环境里处在怎样的位置上。这种多维的取向并非是要你去尝试各种职业或各种生活方式，而是要你从个性的种种要素上充分地鼓励自己，培育自己，挖掘自己的能力。

立体思维可以使你发散式地或复合式地洞悉事物的内外联系，其中有以时间为参照的回顾与展望，这样无论是微观或宏观对象都能以立体思维的方式，或精细分析，或综合体悟而获得解释和创见。当人以立体思维的视野和方式思考问题时，就能以最少偏见或成见看问题，也能获得更多灵感和远见。

有了立体思维的概念，还要有意识地训练自己立体思维的能力。

当我们将自己的个性发展定位在全息的时空背景里，自己从每件小事做起，从每一条信息中看出有价值的部分在每一个机会里安排下自己的目标，从自己的每一个念头里发现新的内容；在每一回冲动里感到自己的热情与意志，并在每一次行动中体验到自己的成长。这时我们会觉得“每一天的太阳都是新的”，世界充满了生机，我们有那么多的事要做，有那么多东西要学，而可走的路四通八达，肯帮我们的人无处不在。这种思维状态是源自智力锻炼的健康心态。一个人打开了智慧潜能的闸门，他会觉得处处阳光灿烂，当然还要有气质的调养，以适应智力的指引；也要有性格的改善，以最终使行动变得明智有效。全方位的进取，是人一生追索的境界，也是自我发展、个性成长的坦途，是独立面对社会，渐渐单独置身于社会，减少麻烦和挫折感，使人更快地增进韧性、应变力和勇气，更好地成熟起来，早一天显出自己的创造力的一种创造性思维。

3. 创造来源于思考

一切的成功和创造都来源于思考，思考使人能发挥出特有的灵感，是创造的源泉。

美国有位女士发现她穿的长筒丝袜老是往下掉，如果是逛公园或上班，丝袜掉下来该是多么尴尬的事。她又想，这种困扰，其他妇女也一定会遇到，于是她灵机一动，想了一个好主意。

于是，她开了一家商店，专门售卖不易滑落的袜子用品。袜子店不大，每位顾客很快就会完成现金交易。她目前拥有分布在美、英、法三国的袜子店多达120多家。

碰到袜子往下掉了的女士何止千千万万，但能够触发灵感要开一间袜子店，解决这小小的尴尬的人却寥寥无几。由此可见，生活中做个善于思考的有心人，将会受益无穷。

二百多年前，法国医生拉哀奈克一直希望制造一种器具，用来检查病人的胸腔是否健康。有一天，他陪女儿到公园玩跷跷板，偶然发现，用手在跷跷板的一端轻敲，在另一端贴耳倾听，竟清楚地听见敲击声。这位医生得到启发，回家用木料做成一个状似喇叭的听筒，把大的一头贴在病人的胸部，小的一头塞在自己耳朵里，居然清晰地听见病人的胸腔发出的声音。这便是世界上第一部听诊器。

这些具有创造力的人无疑都是喜欢思考的人。他们所遇到的事情或启发别人也一样经历过，只不过他们善于思考并能迸出灵感的火花，这都是因为他们很敏锐，想象力丰富，很留心身边的一切事情，是个生活的有心人。

创造力和思考是互相依存的关系。只有思考，才会有创造，创造则又带动思考，二者循环照应，互为因果。创造力会成为发起思考的动力。反过来说，也只有靠思考，才能培养和开发创造力。

人生离不开思考。

伟人之所以伟大，有成就的人之所以有成就，是因为他们养成了一种习惯，即善于思考，凭借创造性想象力的能力，听到由内而发的“沉稳的内心细语”。有“敏锐”想象力的人都知道这个事实，最好的主意是由思考而来。

有位享有盛名、颇有建树的演说家，原本不成气候，直到有一天，他闭上眼睛，并完全仰赖创造性想象力的能力，才臻至化境。被问及他为何在演讲达到最高巅峰之前闭上眼睛时，他答称：“因为只有这样，我才能由内心萌发点子，再说出来。”

美国金融业巨子之中，就有一位在做重大决策之前，有闭上眼睛两三分钟然后拍板的习惯。有人问他为什么，他答说，闭上眼睛，就能取用更高智能的活水源头。

好的主意或决策都需要思考，思考是创造的源泉。

4. 只有思考才能成功

只有思考，才有可能成功！有坚定目标和决心的思考，使你更加坚定你成功的渴望，使你把目标转化为行动，从而走向成功。

积极的主动的思考令人能够达到心中所想的那样的成就。

为了成功，进行正确的思考，必须抛弃对任何事情都无所谓的态度，有正确的方法、讨论推理或正确思考的科学叫做逻辑学。即使在日常生活中，人们也不可避免地运用到逻辑学推理，这样才能帮助你学会正确地思考。宇宙中无数的天体都在按照自己的轨迹不停地运转，然而，对现实生活中的许多人来讲，他们虽然活在世上，却无法找到自己生活的轨迹。因为他们失去了人生的自我，他们只是按照别人的意愿而生活，他们不能控制自己的思想与情感，他们无法把握自己的人生，他们不能拥有自己的生活，他们长期处于一种充满惰性的人生，他们不愿意或不会真正地正确地思考……这是许多人生活的写照。

自己才是自己命运的主宰，自己才是自己灵魂的船长。但是，要成为自己命运的主宰，自己灵魂的船长，就必须有控制自己思想的能力。

坚定的信念会使人的头脑化为磁场，然后自然而然地牵引那些与之共鸣的人、情境或力量。

要主宰自己，需要培养一种崭新的思维方式。这可能不是一件容易的事或不是朝夕之间能做到的事，会有因素碍于个人去支配自己，但你自己必须要克服它们，掌握思考的方法。

人类的通病，就是许多人对“不可能”一词的习以为常。所有行不通的法则大家都耳熟能详。所有做不来的事，也是无人不知、无人不晓。

成功只降临在那些自觉追求成功者的身上。

很多人都有的另一个弱点，就是以自己的成见来测度一切人、事、物。有些人会坚信他们无法思考致富成功，因为他们的思考习惯已沉浸在贫穷、缺乏、失败和不如意之中，无法自拔。

改变一下自己思考的习惯，从现在起以一种积极崭新的思考方式去生活，这样我们才能取得成就。

5. 冷静地思考和判断每种可能

不经思考，盲目行事，是许多人不能取得成功的原因。那些真正取得成就的人都有一个共同的良好习惯：在做事之前，一定要慎重、周密地思考，从而作出正确的决策。

思考决定决策，决策决定行动的方向。那些成功的人，都是正确决策的操纵者。很显然，正确的决策源自于正确的思考和判断，正确的思考和判断源自于经验，而经验又来源于对失败或错误的总结。人生中那些看似错误或痛苦的经验，有时却是最可宝贵的财产。

在综观全局、果断决策的那一刻，人生命运便已经注定。

两雄相争智者胜，胜者之所以胜，乃在于他决策时的智慧与胆识，能够排除错误之见。正确的判断是获胜者经常需要训练的素养。没有正确的思考判断，就会面临更多的失败和危急关头。在失败和危急关头保持冷静是很重要的。有人面对危难，狂躁发怒；而智者则能临危不乱，沉着冷静，理智地应对危局。在平常状况下，大部分人都能控制自己，也能做出正确的决定，但是，一旦事态紧急，他们就自乱脚步，而无法把持自己。

保持冷静的头脑首先要相信自己的头脑，相信自己的思考，不要由于缺乏必需的力量，就否定一个可能的观念或构想。反而，你要更执著于伟大的、值得为之奋斗的构想，克服各种难题。

只要肯动脑筋，就没有办不成的事，要把不可能化为可能。我们要有人力、财力与物力，就算全都没有，只要你肯花时间和精力去开拓人力与财力的资源，那么对你而言，几乎没有办不到的事情。

有一位16岁的男孩，某一天当他父亲在一辆卡车下工作时，他突然发现千斤顶歪了，卡车落了下来。男孩眼见父亲快被压死，立即抓住挡泥板，把车子拉了起来，让他父亲从车下爬了出来。这辆卡车有1300多公斤重，如果在平时，这个男孩根本拉不动这辆车。

这种事情很少有人经历过，但大多数人都有过出乎自己意料的经历。

人们的潜能还远远没有发挥，潜能是需要不断发掘的。平时使用的潜能充其量也只占我们全部潜能的很小一部分，可以肯定的是，如果我们有较强的自信心的话，再加上勤于思考，我们的表现会比现在更好。

成功者善于强化自己反复思考判断的习惯，从思考判断的习惯中找到突破常规的办法，又从办法中找到新的创意。反复思考判断是一种智力的考验，但这种考验并不是没有用的，而是非常有用的，可以训练你的判断逻辑。

很多人之所以失败，常常是判断的失败，而不是行动的失败。成功者能在判断上突破，就引导了他行为的成功。

思考的形式是多种多样的，但是对比和总结的思考尤为重要。成功者常常从反面去思考和判断问题，去总结教训，为下一次获得经验。如果在做事之前，没有正确的思考和判断，很难想象一个人要想取得成就是多么不可思议的一件事。

6. 成功由于正确的思考

获得成功的能力和捷径从何而来呢？那就是学会正确的思考！成功者都是善于思考的。

任何一个有意义的构想和计划都是出自思考，而且思考得越深入，收益就会越大。一个不善于思考的人，会遇到许多取舍不定的问题；相反，正确的思考之所以能发生巨大作用，是因为它可以决定一个人应该采取什么样的行动。有成就的人都养成了勤于思考的习惯，善于发现问题、解决问题，不让问题成为人生的拦路虎。

一位年轻人到一家餐馆应征做钟点工。老板问：在人群密集的餐厅里，如果你发现手上的托盘不稳，即将跌落，该怎么办？许多应征者都答非所问。朋友答道：如果四周都是客人，我就要尽全力把托盘倒向自己。最后，他被雇用了。

这个故事体现了思考的巨大作用。服务员果断地把即将倾倒的托盘倒向自己，才保证了顾客的利益。他在思考的方式上选择了舍弃。某个特定的时刻，只有敢于舍弃，才有机会获取更长远的利益。即使遭受难以避免的挫折，也要选择最佳的方式。

正确思考往往蕴含于取舍之间，不这样做，就那样做，这是由一个人的思考力决定的。

所有计划、目标和成就，都是思考的产物。思考能力，是你唯一能完全控制的东西，你可以用智慧，或是以愚蠢的方式运用你的思想，但无论如何运用它，它都会显现出一定的力量。

没有正确的思考，是不会克服旧习的，如果不学习正确的思考，是绝对防止不了挫败的。

人性中普遍存在着防止正确思考的绊脚石，这就是轻信别人。正确思考者的脑子里永远有一个问号，你必须质疑企图影响正确思考的每一个人和每一件事，看清别人的优势，挑战自己的劣势。

在克服自身劣势的过程中，如果你是一位正确的思考者，那么你就是自身情绪的主人。不应给予任何人控制你思想的机会，你必须拒绝错误的倾向。从一开始就要拒绝某一项不正确的观念，即使因为受到家人、朋友或同事的影响也不改变初衷，进而树立正确的观念。

使人容易记住和接受的是那些一再出现在脑海中的观念。作为一位正确的思考者，你要充分利用这一人性特质，使你今天所思考的到了明天仍然反复出现，并进而接受这一再出现的思想，这正是明确目标的过程。

第七章

创新是另一种能力

《大学章句》中讲："苟日新，日日新，又日新。"创新是一种能力，更是一种活力。创新是民族的灵魂，是制胜的法宝。对于个人而言，人生没有创新，就没有进步，就没有完善。不能创新、不会创新就只能因循守旧，毫无意义和价值。人生要追求尽善尽美，就必须不断创新，推陈出新。可想而知，一个从"博物馆"里出来的人是不会受人欢迎的，是与这个世界格格不入的。

1. 创新是一种能力

创新是一种能力，是每个人都具有的内在潜能，普通人与天才之间并无不可逾越的鸿沟，创新能改变一切，慧能和尚甚至说：“下下人有上上智。”每一个人都可以养成创新的习惯。

人的命运有时会因一个好的创意或者创新彻底改变，成为成功的阶梯和关键。

有一位孤独的年轻画家，除了理想，他一无所有。为了理想，他毅然远行。起初他到堪萨斯城的一家报社应聘，那里的良好氛围正是他所需要的。但主编看了他的作品后认为缺乏新意而不予录用，他初尝了失败的滋味。

后来，他替教堂作画。由于报酬低，他无力租用画室，只好借用一家废弃的车库。一天，疲倦的画家在昏黄的灯光下看见一对亮晶晶的小眼睛，是一只小老鼠。他微笑着注视着它，而它却像影子一样溜了。后来小老鼠又一次次出现。他从来没有伤害过它，甚至连吓唬都没有。它在地板上做多种动作，像表演杂技，而他就奖它一点面包屑。渐渐地，他们互相信任，彼此建立了友谊。

不久，年轻的画家被介绍到好莱坞去制作一部以动物为主的卡通片。这可是个难得的机会，但他再次失败了。

在黑夜里，他苦苦思索自己的出路，甚至开始怀疑自己的天赋。就在他潦倒不堪的当儿，他突然想起车库里的那只小老鼠，灵感在暗夜里闪出一道光芒。他迅速画出了一只老鼠的轮廓。于是，有史以来最伟大的卡通形象——米老鼠就这样诞生了，沃尔特·迪斯尼也因此扬名。

探索、创新改变了人的整个命运，也改变了世界，人类的进步如果没有创新，大概人们还生存在茹毛饮血之中。人类有了想要像鸟儿一样自由飞翔的念头，但是有的人没有胆量去尝试，有的人尝试了却一直在失败的原地打转，原因就在于他们没有找到一种新的办法。直到飞机的发明，才解决了这个问题。

公元1020年，有个叫奥利弗的英国人决心实现这个宿愿，他在双臂上系上了一对鸟翅，扑腾了二百多米，坠下来，结果跌断了双臂和双腿。尽管他身负重伤，但还是很开心，他说是他疏忽了，忘了安上个马尾巴!

无独有偶，在公元1507年，有个叫约翰·达米思的意大利人再次对这一记录做了勇敢的挑战。他在苏格兰进行了他的试飞计划。因为鸟毛难寻，他就因地制宜，用鸡毛扎了一对翅膀。那天，他披着用鸡毛制成的翅膀，从斯多林城堡的高墙上纵身一跳，结果，宛如石头下落，很幸运，他只跌断了一条腿。约翰·达米思异常失望，他长叹了一口气，懊丧地说："我犯了一个错误，我用的是鸡毛，而鸡是不会飞的。要是起先用鸟毛，我相信是可以飞起来的。"

创造发明，科学的发展，人类的进步，都来源于人类对自然和未知的探索。进步的动力，是创新的结果。

创新的能力可以通过教育、训练而激发出来，并在实践中不断得到提高发展。应当相信创新是一种伟大的力量，必须养成创新的好习惯。

2. 善于发现，才能创新

只有善于发现、善于探究，才能创新，才会有新的见地。

公元前555年秋天，齐国发兵侵扰鲁国的边境，鲁国求救于晋国，晋侯召集宋、卫、郑、曹等十一路诸侯会盟于鲁济，出兵讨伐齐国。齐侯闻讯，便亲自率领大军进驻平阴城，准备与晋国决一雌雄。无奈初次交锋，晋侯率领的各路诸侯军队神勇异常，给齐军以沉重的打击，使齐军遭受到很大的伤亡。继而，晋侯又略施小计，在平阴城外漫山遍野密布旌旗，用马尾巴拴着树枝在大路上来回奔跑，弄得尘埃滚滚。晋侯的虚张声势使齐侯吓得胆战心惊，以为重兵压城，平阴难守了。于是，下达了夜间秘密撤退的命令。

齐侯准备撤离平阴城的命令是秘密下达的，他手下的一些将领事先都不知道。在整个撤退过程中，齐侯也布置得十分周密，他要求人卸装，马勒口，一声不响地撤离平阴城。果真，在大队人马静悄悄行动过程中，平阴城里的老百姓都在睡梦中未被惊醒！齐侯原以为自己这次行动做得人不知，鬼不觉，可以安然撤离平阴。但想不到齐军前脚撤离平阴，后面就传来了晋军的马蹄声、追杀声。自以为得意的齐侯尚来不及弄清是怎么回事，后卫军已经成了晋军的战俘，要不是他用鞭子狠命地抽打马屁股，早就受缚于晋侯的马前了。

那么，是不是军中有人走漏了消息？不是。是不是晋侯的探子探得了情报呢？也不是。其实，齐侯开始撤离时，晋侯正在营帐内召集诸侯商讨攻城的计策，晋军根本不知道平阴城里的情况。原来正当晋侯等在商讨攻城计策时，晋侯的著名乐师师旷闲来无事，独自在营帐散步赏月。激战前夜，平阴城里城外分外宁静。师旷正沉浸在宁静的气氛中如痴如醉，突然听到平阴城上空传来一阵群鸦飞鸣声。他竖耳朵一听，其鸣声甚哀。复又听到城中传来马匹嘶叫声，那马嘶声完全是失群之马在寻找伙伴的声音。为此，师旷心头大喜，这鸦鸣马嘶分明道出了齐军弃城逃走的迹象。于是，他急急忙忙闯进中军帐里，向晋侯报告说："齐军已经开始行动，弃城逃跑了。"晋侯和各诸侯听后，半信半疑。师旷急切地申明："我乃乐师，听懂了各种各样的声音。平阴城里鸦鸣马嘶声异常，断然是城中有异常的举止，望君主不失战机。"晋侯听了，当即派兵向平阴搜索前进，果然是一座空城，于是立即发起追击。齐侯万没料到，自己如此秘密的军事行动，竟然被鸦鸣马嘶泄露给了晋军。从鸦鸣马嘶中听出军情，没有灵敏的耳朵和聪慧的心是做不到的。

新事物不会主动生根、发芽，它的出现建立在不断地探索与创新中。一切的发明都是和创新思维分不开的。

有一天，爱迪生在实验室里工作，急需要知道灯泡容量的数据。由于手头工作太多，他便交给一位年轻的助手一个没有上灯口的玻璃灯泡，吩咐助手把灯泡的容量数据量出来。

过了很长时间，爱迪生手头的活早已干完，然而，那位年轻的助手仍未将数据送来。于是，爱迪生便亲自去找他。

一进门，便看到那位年轻的助手正在忙于计算，桌上的演算纸已经一堆了。

爱迪生忙问："还需要多长时间？"

助手说："一半还没完呢。"

爱迪生明白了，原来，他的助手用软尺测量了灯泡的周长、斜度，正在用复杂的公式计算呢！小伙子还把程序说给爱迪生听，证明自己的思路没错。

爱迪生不等他说完，便拍了拍他的肩膀说：“是白忙了，小伙子，这么干。”说着，他往灯泡里面注满了水，交给助手：“把这里面的水倒在量杯里，马上告诉我它的容量。”

助手听到后，脸一下子红了。

一个人能成功全在于他思想活跃，勇于探索未知领域。思想僵化呆滞的人是不可能有所成就的，创新才是成功的力量。

3. 创新是继续前进的动力

世界上万事万物都处在不断地变化之中。用变化的眼光去看问题，才有新意，才有创新。

从前有个读书人，不管做什么事情，都喜欢引经据典，用他的话来说，是“不违古训”。

有一天，他家失火，他嫂子气喘喘地对他说：“速喊你哥哥救火，他在隔壁下棋。”

读书人出了大门，自言自语道：“嫂嫂叫我速速，圣贤书上不是说过：．欲速则不达．，我焉能速！”于是，他慢慢吞吞地走到了隔壁家，看见哥哥正在兴高采烈地下棋，便默默地立在哥哥身旁观棋。等到一局下完，他才说道：“哥哥，家中失火，嫂子叫你回去速救！”

他哥哥一听，气得浑身直抖，骂道：“你在这里站了半天，干嘛不早说？”

他指着棋盘上的字说：“兄长不见此棋盘上明明写着．观棋不语真君子．吗？”

他哥哥见他还在假斯文，举起拳头要打他，但又缩了回来。他见哥哥缩回拳头，反而把脸凑了过去，说道："哥哥，你打吧！棋盘上不是明明写着．举手无悔大丈夫．，你怎么又把手缩回去了呢？"

因循守旧，不知变通，盲目无主见的人将永远落后于人，永远呼吸不到新鲜的空气。

公元前233年冬天，马其顿亚历山大大帝进兵亚细亚。当他到达亚细亚的弗尼吉亚城，听说城里有个著名的预言：几百年前，弗尼吉亚的戈迪亚斯王在其牛车上系了一个复杂的绳结，并宣告谁能解开它，谁就会成为亚细亚王。自此以后，每年都有很多人来看戈迪亚斯打的结子。各国的武士和王子都来试解这个结，可总是连绳头都找不到，他们甚至不知从何处着手。

亚历山大对这个预言非常感兴趣，命人带他去看这个神秘之结。幸好，这个结尚完好地保存在朱庇特神庙里。

亚历山大仔细观察着这个结，许久许久，始终连绳头都找不到。

他突然拔出剑来，一剑把绳结劈成两半，这个保留了数百年的难解之结，就这样轻易地被解开了。他于是成为了亚细亚王。

人生不能一味地守着教条度过，人生需要变革和创新，变革和创新是成功的源泉，创新是生命前进的动力。

4. 创新的生活才精彩

创新使人能够异于常人，取得财富并且保持活力。有一些人正是靠创新，靠"不按常理出牌"的新思路而大发财源的。

美国佛罗里达州有位穷画家，名叫律薄曼，他当时仅有一点点画具，仅有的一支铅笔也是削得短短的。

有一天，律薄曼正在绘图时，找不到橡皮擦。费了很大劲才找到时，铅笔又不见了。铅笔找到后，为了防止再丢，他索性将橡皮用丝线扎到铅笔的尾端。但用了一会儿，橡皮又掉了。“真该死！”他气恼地骂着。

律薄曼为此事琢磨了好几天，终于想出主意来了：他剪下一小块薄铁片，把橡皮放在铅笔头上并绕着包了起来，果然，用一点小工夫做出来的这个玩意儿相当管用。

后来，他申请了专利，并把这项专利卖给了一家铅笔公司，从而赚得55万美元。

比尔·盖茨是当今全美的首富，是个人资产达550亿美元的“微软”公司总裁。年纪轻轻的他是如何迅速地取得如此的成就呢？又如何准确把握了发展的前景呢？

他读小学六年级时就终日埋头苦学，喜欢躲在地下室里。母亲叫他吃晚饭时，他总是爱理不理。

“你究竟在搞什么呀？”母亲有一次实在气坏了，冲着室内的扬声器吼起来。

“我在思考。”盖茨用同样的嗓门回敬。

“你在思考？”妈妈犯疑了。

“是的，妈妈！”盖茨语不饶人，同时发出反问：“妈妈，你试过思考吗？”

一直到他事业有成之日，他每天只睡六个小时，其余时间仍旧是思考与工作，工作与思考。他自认为是工作狂，当然也是个思考狂。思考使他开心，忙碌使他精神百倍。

比尔·盖茨是20世纪最大的创新者，他把电脑操作的软件植入到电脑中，使在全球普及个人电脑成为可能。比尔·盖茨的创新意识极强。他常说：“我们离破产只有18个月。”为了使他的“视窗”不被历史所淘汰，在一年半的时间内就必须把他的产品升级一次。比尔·盖茨所拥有的财富，是靠他的创新精神换来的。

5. 不满足才能创新

不满足才能创新，对于任何领域都是如此。

美国一位著名的企业家名叫施瓦布，他下属的一个工厂的工人总是完不成定额。为此，施瓦布换了好几任厂长，然而却不奏效。一次，他任命一位他十分赏识的人做厂长，但是产量仍然没有改观。于是施瓦布决定亲自处理这件事。

一天，他来到工厂厂长的办公室，问厂长："你这么有能力的人为什么也不能把工厂搞出个样子？"

"我不知道，"厂长答道："我劝说工人们，骂过他们，还以开除他们相威胁，但全然于事无补。他们仍然完不成自己的定额。"

"那么，你领我到厂里看看吧。"施瓦布说。这时，正值白班工人要下班，夜班工人要接班的时候。

来到工厂厂地后，施瓦布问一个工人："你们今天一共炼了几炉钢？"

"6炉。"这个工人回答。

于是施瓦布在一块小黑板上写了一个"6"字，再巡视了一下工厂就回去了。

可是，就是由于施瓦布的这个"6"字，工厂却很快改变了面貌，产量很快地升了上去。

这是什么缘故呢？

事情是这样的：夜班工人上班了，看到黑板上出现了一个“6”字，十分好奇，忙问门卫是什么意思。

“施瓦布今天来过这里，”门卫说：“他问白班工人炼了多少炉钢，知道是6炉后，他就在黑板上写了这个数字。”

第二天早晨，施瓦布又来到工厂，特意看了看黑板，看到夜班工人把“6”换成了“7”，十分满意地离开了。

白班工人第二天早晨上班时都看到了“7”，一位爱激动的工人大声叫道：“这意思是说夜班工人比我们强，我们要让他们看看并不是那么回事。”当他们晚上交班时，黑板上出现了一个巨大的“10”字。

就这样，两班工人竞争起来，这个落后的工厂的产品很快超过了其他工厂。

施瓦布仅仅用一个小小的“6”字就改变了工厂的面貌，这个小小的“6”字解决了打骂，甚至以开除威胁都办不到的事情。施瓦布的高明之处，就在于他唤起了工人们的竞争意识。

这样一种巧妙的创新管理方法，当然可以提高工人的积极性，提高产量，这就是不满足才能创新的例子。

要能巧于创新，一定要对已有的成绩感到不满足，这样才能产生巧妙的创新方法。

丰田汽车工业公司总经理大野耐一认为，他之所以能发明“丰田生产方式”，根本原因在于他从不满足，善于“在没有问题中找出问题”。

在世人看来，“不满足现状”总是不好的，但在丰田工厂里却有一个口号：“不满足是进步之母”。丰田工厂鼓励员工对现状不满。但要求把这个不满足同改进结合起来，而不是和牢骚结合起来。

大野本人就是个善于从不满中发现问题，加以改进创新的人。大野曾总结他发现问题的秘诀，在于凡事要“问5次为什么？”

有一次，生产线上有台机器老是停转，修了多次都无效。大野就问：“为什么机器停了？”工人答：“因为超了负荷，保险丝烧断了。”

大野又问："为什么超负荷呢？"答："因为轴承的润滑不够。"大野再问："为什么润滑不够？"答："因为润滑泵吸不上油来。"大野又再问："为什么吸不上油来呢？"答："因为油泵轴磨损，松动了。"这样，大野还不放过，又问："为什么磨损了呢？"答："因为没有安装过滤器，混进了铁屑。"于是，大野下令给油泵安上过滤器，终于使生产线恢复了正常。倘若不是这样地打破砂锅问到底，只满足于换一个保险丝，或者换一下油泵轴，过了一阵子仍会出现同样的故障。大野说：丰田生产方式就是积累并运用这种反复问5次"为什么"的科学探索经验才创造出来的。

这就是不满足于现状的管理方法，这种方法能真正地解决生产中的各种问题，才能创新。不满足才能创新，是创新的动力。

6. 创新在于细节

所谓的"小事情"也就是细节，往往会被忽视，然而注重细节，从"小事情"着手，会令事情大为改观，甚至彻底的变样，这就是创新要从细节做起的原因。

日本的东芝电器公司1952年前后曾一度积压了大量的电扇卖不出去。7万多名职工为了打开销路，费尽心机地想了不少办法，依然进展不大。

有一天，一个小职员向公司领导人提出了改变电扇颜色的建议。当时全世界的电扇都是黑色的，东芝公司生产的电扇也不例外。这个小职员建议把黑色改为浅颜色。这一建议引起了公司领导人的重视。经过研究，公司采纳了这个建议。第二年夏天，东芝公司推出了一批浅蓝色电扇，大受顾客欢迎，市场上还掀起了一阵抢购热潮，几个月之内就卖出了几十万台。从此以后，在日本，以及在全世界，电扇就不再是板起一副统一的“包公脸儿”了。

只是改变了一下颜色这种小事情，就开发出了一种面貌一新、大大畅销的新产品，竟使整个公司因此而渡过了难关。这一改变颜色的小小的创新和设想，其经济效益和社会效益何等巨大！

像这样的设想和创新既不需要渊博的科学知识，也不需要有丰富的经验，为什么东芝公司其他的几万名职工就没人想到，没人提出来呢？为什么日本以及其他国家的成千上万的电器公司，在以往长达几十年的时间里，竟都没人想到、没人提出来呢？看来，这主要是因为，自有电扇以来，它的颜色就是黑色的。虽然谁也没有作过这样的规定，而它在漫长的时间里已逐渐形成为一种惯例、一种传统，似乎电扇就只能是黑色的，不是黑色的就不成其为电扇。这样的惯例，这样的传统反映在人们的头脑中，便成为一种源远流长、根深蒂固的思维定势，严重地阻碍和束缚了人们在电扇设计和制造上的创新思考。

很多传统观念和做法的产生都有客观基础，它们得以长期存在和广泛流传，也往往有其自身的根据和理由。一般来说，它们是前人的经验总结和智慧积累，值得后人继承、珍视和借鉴。但也不能不注意和警惕：它们有可能妨碍和束缚我们的创新思考。

以细节为突破口，改变思维定势，勇于创新，你将步入一个全新的境界。

7. 创新才有出路

创新才有出路，创新是一种美丽的奇迹。创新是实现飞跃的条件。创新是获得一切未知的法则，是致富和站在时代前列的旗帜。

提到创新，有些人总是觉得神秘，似乎只有极少数人才能办得到。其实，创新有大有小，内容和形式可以各不相同。创新活动已经不仅是科学家、发明家的事，它已经深入到普通人的生活中，很多人都可以进行创新性的活动，生活、工作的各个方面都可以迸发出创造的火花。人们事业上新的追求、新的理想、新的目标会不断产生，在为新的事业创造奋斗中，实现了这些新的追求、理想、目标，就会产生新的幸福。创新是永无止境的，人类的幸福是没有终点的，人类幸福的实现是一个不断发展、不断创造的过程。创新是力量、自由及幸福的源泉。英国著名哲学家罗素把创新看做是“快乐的生活”，是“一种根本的快乐”。

世界上因创新而找到出路，获成功的人简直就是不胜枚举。

法国美容品制造师伊夫·洛列是靠经营花卉发家的，他在一次新闻发布会上感触颇深地说道：“能有今天，我当然不会忘记卡耐基先生，他的课程教给了我一个司空见惯的秘诀，而这个秘诀我尽管经常与它擦肩而过，但过去却未能予以足够的重视，也没有把它当做一回事来对待。而现在我却要说，创新的确是一种美丽的奇迹。”

伊夫·洛列1960年开始生产美容品，到1985年，他已拥有960家分号，各个企业在全世界星罗棋布。

伊夫·洛列生意兴旺，财源茂盛，摘取了美容品和护肤品的桂冠。他的企业是唯一使法国最大的化妆品公司“劳雷阿尔”惶惶不可终日的竞争对手。

这一切成就，伊夫·洛列是悄无声息地取得的，在发展阶段几乎未曾引起竞争者的警觉。他的成功有赖于他的创新精神。

1958年，伊夫·洛列从一位年迈女医师那里得到了一种专治痔疮的特效药膏秘方。这个秘方令他产生了浓厚的兴趣，于是，他根据这个药方，研制出一种植物香脂，并开始挨门挨户地去推销这种产品。

有一天，洛列灵机一动，何不在《这儿是巴黎》杂志上刊登一则商品广告呢？如果在广告上附上邮购优惠单，说不定会有效地促销产品。

这一大胆尝试让洛列获得了意想不到的成功，当他的朋友还在为巨额广告投资惴惴不安时，他的产品却开始在巴黎畅销起来，原以为会如泥牛入海的广告费用与其获得的利润相比，显得轻如鸿毛。

当时，人们认为用植物和花卉制造的美容品毫无前途，几乎没有人愿意在这方面投入资金，而洛列却反其道而行之，对此产生了一种奇特的迷恋之情。

1960年，洛列开始小批量地生产美容霜，他独创的邮购销售方式又让他获得巨大成功。在极短的时间内，洛列通过这种销售方式，顺利地推销了70多万瓶美容品。

如果说用植物制造美容品是洛列的一种尝试，那么，采用邮购的销售方式，则是他的一种创举。

时至今日，邮购商品已不足为奇了，但在当时，这却是行之所未行的事。

1969年，洛列创办了他的第一家工厂，并在巴黎的奥斯曼大街开设了他的第一家商店，开始大量生产和销售美容品。

伊夫·洛列对他的职员说：“我们的每一位女顾客都是王后，她们应该获得像王后那样的服务。”

为了达到这个宗旨，他打破销售学的一切常规，采用了邮售化妆品的方式。

公司收到邮购单后，几天之内即把商品邮寄给买主，同时赠送一件礼品和一封建议信，并附带制造商和蔼可亲的笑容。

洛列式邮购手续简单，顾客只需寄上地址便可加入“洛列美容俱乐部”，并很快收到样品、价格表和使用说明书。

这种经营方式对那些工作繁忙或离商业区较远的妇女来说无疑是非常理想的。如今，通过邮购方式从洛列俱乐部获取口红、描眉膏、唇膏、洗澡香波和美容护肤霜的妇女已达6亿人次。

邮购几乎占了洛列全部营业额的一半，这种优质服务给公司带来了丰硕成果。公司每年寄出邮包达900万件，相当于每天3～5万件。1985年，公司的销售额和利润增长了30%，营业额超过了25亿，国外的销额超过了法国境内的销售额。

如今，伊夫·洛列已经拥有400余种美容系列产品和800万名忠实的女顾客。

伊夫·洛列经过辛勤的劳动和艰苦的思考，找到了走向成功的突破口和契机。化妆品市场竞争的激烈程度令人触目惊心，如果亦步亦趋，墨守成规，那肯定只能成为落伍者。

伊夫·洛列设计出与强大的竞争对手完全不同的产品——植物花卉美容品，使化妆用品低档化、大众化，满足众多新老顾客的需要，所以他把竞争对手远远地抛在了后面。

洛列力求同中求异，别出心裁，另辟蹊径，打破传统的销售方式，采用全新的销售方式——邮售，赢得了为数众多的固定顾客，从而为不断扩大生产打下了坚实基础。

创新，是经营者通向富有的捷径，只有创新才是永久的出路，企业家的高低优劣之分也往往因此而产生。

第八章

目标——决定你人生的高度

没有目标，人生便没有追求，便没有动力。目标可谓是人生的里程碑和导师，不立个目标，人生只能是一步一步陷入被动和困局。目标产生动力，使人自觉地朝着某个方向前进，使人有明确的目的地。目标是改善人生的“先锋官”。目标指引航向，完善人生必须有做事先找准目标的习惯。

1. 目标是人生的里程碑

目标是整个人生历程中的路标，是成功路上的里程碑，是界定人生追求的标志，一生都在起作用。

每一天，我们都可能遇到对自己的人生和周围的世界不满意的人。在这些对自己处境不满意的人中，有绝大部分对心目中喜欢的世界没有一个清晰的概念，他们没有改善生活的目标，没有一个人生目的去鞭策自己。结果是，他们继续生活在一个他们无意改变的世界上。

有一位医生对活到百岁以上的老人的共同特点做过大量研究，在一次报告会上，他让听众思考一下这些人长寿有什么共同因素，大多数听众以为这位医生会列举食物、运动、节制烟酒以及其他会影响健康的东西。然而，令听众惊讶的是，他发现，他们的共同特点是对待未来的态度——他们都有人生目标。

制定人生目标未必能使你活到100岁，但必定能增加你成功的机会。人生倘若没有目标，你也许会一事无成。一个心中有目标的普通人，会成为创造历史的人；一个心中没有目标的人，只能是个平凡的人。

制定目标最大的好处之一就是有助于我们安排事物的轻重缓急。没有目标，很容易陷进琐事纠缠的泥淖中。一个没有轻重概念的人，会成为琐事的奴隶。

没有目标的人，虽然有巨大的力量与潜能，但他们把精力耗费在小事情上，而小事情使他们忘记了自己本应做什么。说得明白一点，要发挥潜力，就必须全神贯注于自己有优势并且会有高回报的方面。目标能使人集中精力，当你不停地向自己有优势的方面努力时，这些优势会得到进一步发展。最终，在达到目标时，你就成为了自己想成为的人。

虽然目标是朝着将来的，是有待将来实现的，但目标使我们能把握住现在。大的目标是由一连串小目标组成的，任何理想，都要制定并且达到一连串目标。每个重大目标的实现都是几个小目标实现的结果，所以，如果你集中精力于当前手头的工作，心中明白你现在的种种努力都是为实现将来的目标铺路，那你就能成功。

目标提供了一种自我评估的重要手段。如果目标是具体的，看得见摸得着的，你就可以根据自己距离最终目标有多远来衡量目前取得的进步。有了目标，你就会朝着成功自觉地努力前进。

人们常常混淆工作本身与工作成果的区别。他们以为大量的工作，尤其是艰苦的工作，就一定会带来成功。事实上，任何活动本身并不能保证成功，且不一定是有用的。要想出成果，就一定要朝向一个明确的目标。也就是说，成功的尺度不是做了多少工作，而是做出了多少成果。

法国生物学家让·亨利·法布尔用巡游毛虫做了一个实验。他把一组毛虫放在一个大花盆的边上，使它们首尾相接，排成一个圆形。这些毛虫开始行动了，像一个长长的游行队伍，没有头，也没有尾。法布尔在毛虫队伍旁边摆了一些食物，但这些毛虫要想吃到食物就必须解散队伍，不在一条接一条前进。法布尔预料，毛虫很快会厌倦这种毫无用处的爬行，而转向食物，可是毛虫没有这样做。出于纯粹的本能，毛虫们沿着花盆边一直以同样的速度走了7天7夜，一直走到饿死为止。

这些毛虫遵守着它们的本能、习惯、传统、先例、过去的经验和惯例，或者随便你叫它什么好了。它们干活很卖力，但毫无成果。许多人就跟这些毛虫差不多，他们自以为忙碌就是成就，干活本身就是成功。但他们没有一个明确目标，盲目行动，所以他们没有任何成就。

目标有助于我们避免这种情况发生。如果你制定了目标，又定期检查工作进度，你自然就把重点从工作本身转移到工作成果上来，做出足够的成果来实现目标，这才是衡量成绩大小的正确方法。

随着目标一个又一个的实现，你会逐渐明白实现目标要花多大的力气，你往往还能悟出如何用较少时间来创造较多的价值，这会反过来引导你制定更高的目标，实现更伟大的理想，随着你能力和成果的提高，你对自己和对别人也会有更准确的看法。

2. 目标是人生的方向

没有目标，等于失去人生的方向。那些想要拯救自己的人，最终获得成功的人，非常善于在行动之前，找到一个合适的发展目标，因为找准目标就等于成功了一半。

有的人喜欢干到哪儿算哪儿，他们从来没有一个长远的计划和明确的目标，这种弱点使他们被永远地拒绝在成功的门外。一个人只有先有目标，才有前进的方向，才有成功的希望。

选择人生中的一个明确的目标，才会使人生朝着设想的方向前进，才有意义。

那些深藏在脑海中的人生目标，在我们下定决心要将它实现之际，它都将渗透到整个潜意识中，并自觉地影响到我们的行动。

一个人要想拯救自己必须要有改变自己生活的欲望，要改变自己的生活须从培养期望做起，但光有强烈的期望还不够，还得把这种期望变成一个目标。也就是说，你应该在头脑里把目标变为一幅直观的图画，直到它完完全全成为现实。

比如你的目标是想获得更好的工作，那你就必须把这一工作具体描述出来，并自我限定准备哪一天得到这份工作。你决不能对自己说："我希望有一个更好的工作——也许是营销经理！"你必须用肯定的语气说："我希望有一个更好的工作，不错，我想当营销经理。我要营销某种商品。我得向招聘单位写自荐信，过一个星期，我再给每家收信公司打个电话，请他们给我安排一次面谈。"

想使你的生活更加美满幸福，更加富裕，那你就必须确切地描述一下如何使你的生活状况得到改善。你必须把你所希望出现的那种美满生活描述出来——希望自己能够有充足的时间，有更多的钱，可以定个数目；你为了改变生活而准备采取的某种行动；你还必须明确什么时候采取这种行动。

美国电影演员理查德·伯顿通过切身体验发现，制定一个目标是拯救自己的最好的方法。他是一个享有盛誉的演员，事业上颇有成就。可有一次他表演失败了，一时想不开，便常常喝得酩酊大醉，想以此来解除烦恼，结果是借酒消愁愁更愁，不仅糟蹋了自己的身体，而且还糟蹋了自己的艺术生命。

伯顿的好几个朋友也有过类似的经历，其中一位是电影演员彼德·奥图尔。当时，奥图尔的私人医生向他严厉地指出在他面前摆着两条路：要么去戒酒，要么去殡仪馆。经过一番斗争，奥图尔最后戒了酒。

伯顿在其主演的影片《部族的人》中成功地扮演了一个拯救自己的人以后，也决心戒酒。他逐渐感到，由于酒喝得太多，他甚至连台词都记不住了。他说："我很想见见与我合作过的那些演员，我知道他们都是好样的，可我现在连一个单独的镜头都回忆不起来了。"

这一痛苦经历促使他产生了要改变自己生活的强烈愿望。他为自己制定了一个具体目标，即严格地节制——过一种与酒告别的无忧无虑的生活。他对自己期望的东西进行了明确的描述，甚至对与喝酒的朋友在一起相处会损失什么也着实考虑了一番。他明白，在漫长的人生旅途中，必须改掉自己一些不良习惯，他也明白，只要确定了某个具体目标，就必须去实现它。

伯顿为自己制订了一个合理的理疗计划，每天游泳、散步，平常禁止喝酒。

经过两年时间的不懈努力，他终于达到了目的，他又重新组建了一个家庭，过着美满幸福的新生活。他兴奋地说：“我的工作能力完全恢复了。我发现自己比酗酒以前更加敏捷，精力更充沛，脑子转得也更快了。”

伯顿通过确立明确目标获得了拯救自己的机会。你也应该培养你自己的某些强烈的欲望，并把它们转变成你生活中的具体目标。

心理学上有一种“自我暗示”的方法，即运用潜意识将你的明确目标深刻印在头脑中。拿破仑借助此法，使自己从出身低微的科西嘉穷人，最后成为法国的君主。林肯也是借助于同样的方法，跨越了一道宽广的鸿沟，从而走出肯塔基山区的一栋小木屋成为美国总统。

一个人若是没有明确的目标，以及实现这个目标的明确计划，不管他如何努力工作，都像是一艘失去方向的轮船。

辛勤的工作和一颗善良的心，都不足以使一个人成为强者。如果一个人从未在他心中确定他所希望的明确目标，那么，他又怎能知道他是否获得了成功呢?

3. 人生需要目标

人生最痛苦的事莫过于别人都在忙着各自的事，而自己却毫无目标，无所事事。人生需要目标，没有目标就只能是无头的苍蝇，撞到哪儿算哪儿。目标犹如指南针，带你去该去的地方。

想要有一个理想完满的人生，就必须确立一个清晰、明确的人生目标。

有了目标，人生就变得充满意义，一切都会清晰、明朗地摆在你的面前。什么是应当做的，什么是不应当做的，为什么而做，为谁而做，所有的要素都是那么明显而清晰。

有了目标，人们就会为了实现这些目标而努力，一个克服劣势而发挥优势的奋斗便悄然展开。在实现由劣势到优势转变的过程之中，人生的乐趣与韵味昭然若揭，生活便会添加更多的活力与激情。自身的潜能也会迸发出来，经常有意识地创造出奇迹，这就是人生的“指南针”。这对于那些积极向上、渴望改变生存劣势的人们来说，更是人生的指针。

也许，对于很多人来说，改变自我是一种极大的痛苦，但是对那些决心要克服自身劣势的人来说，改变自我却是一种乐趣和幸福，因为他们是在为成功人生而对自己负责。

人生的乐趣存在于一切为了成大事而采取的自我奋进之中。

我们必须仔细地思考一下这些问题：自己真正想做什么？想过怎样的生活？哪一种状态会使自己感到最满意？

每一个人都需要及时给人生定位。先要认清楚自己，将自己摆在整个社会之中，了解自己所处的位置，而进一步则是要以你现在所处位置为基础，为自己设立一个更高层面的定位。这也就是我们通常所说改变劣势的目标与理想。

德国法兰克福的钳工汉斯·季默，从小便迷上音乐，他心中自然就有这样一个“人生指南针”——当音乐大师。买不起昂贵的钢琴就自己用纸板制作模拟黑白键盘，在他练贝多芬的《命运交响曲》时竟把十指磨出了老茧。后来，他用作曲挣来的稿费买了架“老爷”钢琴，有了钢琴的他如虎添翼，并最终成为好莱坞电影音乐的主创人员。

汉斯·季默作曲时走火入魔，时常忘了与恋人的约会，惹得许多女孩骂他是“音乐白痴”、“神经病”。婚后，他帮妻子蒸的饭经常变成“红烧大米”。有一次他煮牛肉面，边煮边用粉笔在地板上写曲子，结果是面条煮成了粥。妻子对他很客气，不急不怒，只是罚他把糊粥全部喝掉，剩一口就“离婚”。

他不论走路或乘地铁，总忘不了在本子上记下即兴的乐句，当做创作新曲的素材。有时他从梦中醒来，打着手电筒写曲子。

汉斯·季默在第67届奥斯卡颁奖大会上，以闻名于世的动画片《狮子王》荣获最佳音乐奖。这天，是他的37岁生日。

我们羡慕那些成功人士所获得的鲜花、掌声，却常常忽略了他们背后的艰辛。他们有目标，所以才会有追求，再付出努力，所以才会取得成功。

4. 目标应和现实相结合

即使有了人生目标，也不可能一下子就实现它，想要一步登天是不可能的。所以，要分阶段实现。没有这样一个分阶段的过程，很可能会在某一时段里摧毁你的身心。成功的人都是目标和实际相结合，一步步分阶段去实现的。

几乎所有成大事的书籍或各种成大事的课程，都告诉我们：“每一个成大事的人都有伟大的梦想。”我们照着书上的方法去做，可是却往往没有成大事，这到底是为什么呢？

其实，梦想的确一定要远大，但是，设定的目标一定要合理。

大目标的实现是由小目标的实现所累积出来的，每一个有成就的人，都是在实现无数的小目标之后，才实现了他们伟大的梦想。

每一个目标和梦想，都要设定一个期限。很多人设定目标，总是拟定一大堆目标，然而却没有设定具体合理的期限，这些目标是不会实现的。

一个没有期限的梦想或者目标，效果是非常微乎其微的。

有些人有很多目标，却没有一个实现，原因就是这些目标不合理，或没有期限，或缺乏详细的计划，或没有及时衡量进度。

也许你有很多目标，也许只有几个目标，不管这些目标有没有可能实现，把它全部写出来，从中选出几个最想要在近期达成的目标，再选出其中一个最重要的为核心目标。

所谓核心目标，就是在你近期最想实现的目标中，假如只能够完成一个目标，就选那一个，选出核心目标之后，再把其他几个依照优先顺序排列，当你完成这些步骤时，你已经有具体数目的非常明确的目标，而且是依照优先顺序来排列的。

设定目标，可是没有排定优先顺序，那么，时间管理就会不当，时常在同一个时间做非常多的事情，而且效率不佳。

有人非常忙碌，感觉到压力非常大，可是当目标实现时，却没有很大的成就感，原因就出在没有排定目标的优先顺序。

列出优先顺序后，接下来则是要订出具体的完成期限。

每一个目标都需要有具体的完成期限，然后再把每一个期限分割出每一天的工作——如果你本月份要达成核心目标，那要制定在1～10日要做好哪些事情，在10～20日要做好哪些事情，20～30日要做好哪些事情。

这样的一个规划方式，会让你的生活更有系统、更有组织，你会感觉凡事更轻松、更能够事半功倍；达成目标的几率也会有非常大的提升。

排出优先顺序，设定具体完成期限，是设定目标的重要概念，它实在是太重要了，它很有效，如果你想成功，今天就去实行。

5. 行动之前要有目标

目标是使人朝着活力、前进的方向驶进的。行动之前，一定要有目标，应该致力于成功之前设计好目标，并全力实现它。目标是使人迈向强者的发动机，有了目标，行动才能实现，力量才能聚集，人生才会完善，生活才有意义。

一个人应该在心中树立一个合理的目标，然后着手去实现它。他应该把这一目标作为自己思想的中心。这一目标可能是一种精神理想，也可能是一种世俗的追求，这当然取决于他此时的本性。但无论是哪一种目标，他都应将自己思想的力量全部集中于他为自己设定的目标上面。他应把自己的目标当做至高无上的任务，应该全身心地为它的实现而奋斗，而不允许他的思想因为一些短暂的幻想、渴望和想象而迷路。这是通向自我控制和集中思想的光明大道。即使在他为自己的目标而奋斗的道路上一次次地失败，但是他愈来愈坚强的性格将是他真正成功的尺度。这也会为未来的力量与成功创造一个崭新的起点。

人应该致力于准确无误地完成自己当前的任务，无论这些任务显得多么微不足道。只有通过这种方式，思想才能够被聚焦，果断的性格、充沛的精力才能逐渐地发展起来。当一切都就绪后，世上就再没有无法完成的事了。

抛开漫无目标和怯懦无能，开始为你的人生确定目标，这意味着你将加入强者的行列。

在确定了自己的人生目标之后，一个人应该在心中标出一条通向成功的笔直的道路，不再左顾右盼，而是专心致志。

你在生活中真正想要的是什么？这个问题看起来很简单，但是意义深刻，并不是一个容易回答的问题。

要得到想要的一切，当然要靠努力和行动。但是，在开始行动之前，一定要搞清楚，什么才是自己真正想要的。要打发时间并不难，随便找点什么活动就可以应付，但是，如果这些活动的意义不是你设计的本意，那你的生活就失去了真正的意义。你能否提高自己的生活品质，并且使自己满足、有所成长，完全看你能否决定自己真正需要什么，然后能不能尽量满足这些需要。

生活中最困难的一个过程就是要搞清楚我们自己究竟想要什么。大多数人都不知道自己真正想要什么，因为我们不曾花时间来思考这个问题。面对五光十色的世界和各种各样的选择我们更不知所措，所以我们会不假思索地接受别人的期望来定义个人的需要和成功，社会标准变得比我们自己特有的需求还要重要。

人们总是太在意别人的看法，以致下意识地接受了别人强加于我们的种种动机，结果，努力过后才发现自己的需求一样都没能满足。

更为复杂的是，不仅别人的意见影响着我们的欲望，我们自己的欲望本身也是变化莫测的。它们常常是曾经十分想要的，而随着时间的变化又不需要了。我们经常得到过去十分想要的，而现在却不再需要的东西。

我们总是得不到自己想要的东西，是因为你并不清楚自己到底想什么。就像在大海中航行，如果你不知道目的地是哪里，就只好遭受漂泊迷失之苦了。所以，在你决定自己想要什么、需要什么之前，不要轻易下结论，一定要先做一番心灵探索，真正地了解自己，把握自己的目标。只有这样，你才能在生活中满意地前进。

一旦将目标明确地用白纸黑字写出来，就会更加确切地变成了自己的目标。如此一来，你的意识会明确地下达一个命令给你——努力去实现吧！

潜意识一旦确立，不论任何目标，它都具有一种强大的实现力量。所以，一旦你将目标成功地变成潜意识，那么你就等于成功了一半。你将会得到一种崭新的、强大的支持力量，该力量会立刻动员一切资源来帮助你达成目标。

一旦你将目标明确地写出来，则是表示自己要认真地负起责任，这个表示，就是实现目标的第一步。

目标不是必须克服的障碍，而是一颗如同施过法术般兴奋雀跃的心。这便是力量的源泉。它提供了能源、希望、实现的热情，如同一座强有力的发电机。

第九章

时间——惜者如金，和时间赛跑

时间的珍贵在于它的转瞬即逝和一去不复返。谁抓住了它，能好好利用它，谁就会收获丰硕的果实。时间使杰出的东西永恒，使真理常在，它是最公正的判官，世间万物，一切都逃不过它的评判和检验。时间对于每个人来说都是一样的，却又都是不一样的。惜时如金的人争分夺秒，和时间赛跑，他的人生就会充实；而整天无所事事、打发光阴的人，就只能是“闲白了少年头，空悲切”。珍惜时间、利用好时间是完善人生的保证。

1. 时间就是金钱

对于一个有志者而言，时间就是金钱。

在富兰克林报社前面的商店里，一位犹豫了将近一个小时的男人终于开口问店员了："这本书多少钱？"

"1美元。"店员回答。

"1美元？"这人又问，"你能不能少要点？"

"它的价格就是1美元。"没有别的回答。

这位顾客又看了一会儿，然后问："富兰克林先生在吗？"

"在，"店员回答，"他在印刷室忙着呢。"

"那好，我要见见他。"这个人坚持一定要见富兰克林，于是，富兰克林就被找了出来。

这个人问："富兰克林先生，这本书你能出最低价格是多少？"

"1.25美元。"富兰克林不假思索地回答。

"1.25美元？你的店员刚才还说1美元1本呢！"

"这没错，"富兰克林说，"但是，我情愿倒给你1美元也不愿意离开我的工作。"

这个顾客不甘心，又磨蹭了一会儿，见没用，就说："那么，好吧，1.25美元，我买了。"

谁知富兰克林说："不，1.5美元。"

顾客不相信自己的耳朵："1.5美元？你怎么又改了？"

富兰克林说：“是的。到现在为止，我因此而耽误了工作时间的价值要远远大于1.5美元。”

这人默默地把钱放到柜台上，拿起书出去了。

这位著名的物理学家和政治家给他上了终生难忘的一课：对于有志者，时间就是金钱。

“你热爱生命吗？那么别浪费时间，因为时间是组成生命的材料。记住，时间就是金钱。假如说，一个每天能挣10个先令的人，玩了半天，或躺在沙发上消磨了半天，他以为他在娱乐上仅仅花了6个便士而已。不对！他还失掉了他本可以获得的5个先令。……记住，金钱就其本性来说，绝不是不能生殖的。钱能生钱，而且它的子孙还会有更多的子孙。……谁杀死一头生仔的猪，那就是消灭了它的一切后裔，以及它的子孙万代，如果谁毁掉了5先令的钱，那就是毁掉了它所能产生的一切，也就是说，毁掉了一座英镑之山。”这是为成功学大师所普遍推崇的美国著名的思想家本杰明·富兰克林的一段名言。它通俗而又直接地阐释了这样一个道理：如果想成功，必须重视时间的价值。

利用好时间是非常重要的，一天的时间如果不好好规划一下，就会白白浪费掉，就会消失得无影无踪，我们就会一无所成。成功与失败的界线在于怎样分配时间，怎样安排时间。

对每个成功的人来说，时间管理是很重要的一环。时间是最重要的资产，每一分每一秒逝去之后再也不会回头，问题是如何有效地利用你的时间呢？你必须明白，一个小时并没有60分钟。事实上，一个小时内只有利用到的那几分钟而已。大家一天要浪费几个小时呢？不妨来做这样一个实验。首先，找一份记事簿，把每一天划出3个小时的区域。然后再把每个小时划成60分钟的小格。在这整个星期里面，随时把所做的事情记录在划分的表格中，连续做一个星期试试看，再回头来检查一下记事簿，就会发现，由于拖延和管理不当，浪费了多少宝贵的光阴。

当人们了解到是如何在使用时间之后，再回头重做一次实验。这一次多用点心来计划时间，把需要做及想要做的事仔细安排进你的时间表，再看效率是否会好一点。

时间就是金钱，对时间的利用率越高，就越可以靠它卖得好价钱。

2. 不要虚度光阴

人生短暂，如白驹过隙。究竟用在有用的事业上的时间能有多少呢？我们又浪费了多少光阴呢？时不我待，好花当折直须折，莫待无花空折枝。

一个小孩，每次吵闹，妈妈就拿起电话拨117给他听。117是报时台，会不断播报时间，每5秒一次。孩子的好奇心很强，一听报时就停止哭闹了。

很久以后，有一次他听报时台，满脸疑惑地问妈妈："为什么电话里的鸟都飞来飞去，有时候多一只鸟，有时候少一只鸟？"

妈妈把电话拿起听，话筒里播着："下面音响11点5分零5秒……下面音响11点6分零秒……"

原来，儿子把"秒"听成"鸟"，"11点5分零5鸟和11点6分零鸟"，这不是非常奇怪吗?

妈妈正在思索，儿子把话筒抢走，说："妈妈，你听那么久，又一只鸟飞走了。"

人生真的不可以再来一次，我们应以有限追求无限。请珍惜时间！

一位得知自己不久于人世的老先生，在日记簿上记下了这段文字："如果我可以从头活一次，我要尝试更多的错误，我不会再事事追求完美。”

“我情愿多休息，随遇而安，处世糊涂一点，不对将要发生的事处心积虑计算着。其实人世间有什么事情需要斤斤计较呢？”

“可以的话，我会去多旅行，跋山涉水，更危险的地方也不妨去一去。以前我不敢吃冰激凌，不敢吃豆，是怕健康有问题，此刻我是多么的后悔。过去的日子，我实在活得太小心，每一分每一秒都不容有失。”

“如果一切可以重新开始，我会什么也不准备就上街，甚至连纸巾也不带一块，我会放纵地享受每一分、每一秒。如果可以重来，我会赤足走在户外，甚至整夜不眠，用这个身体好好地感受世界的美丽与和谐。还有，我会去游乐园多玩几圈木马，多看几次日出，和公园里的小朋友玩耍。”

“只要人生可以从头开始，但我知道，不可能了。”

感觉不到时间的价值，甚至感觉不到时间存在的人注定碌碌无为，他们的口头禅常常是“如果人生可以重来……”付出什么，追求什么，人生的公式不算复杂，但也不简单，只有靠自己去领悟。

有一个人每天下班回家，总看见有个人从他的后花园里扛走一只箱子，装上卡车拉走。他还来不及叫喊，那人就走了。这一天他决定开车去追。那辆卡车走得很慢，最后停在城郊的峡谷旁。

他下山后，发现陌生人把箱子卸下来扔进了山谷。山谷里已经堆满了箱子，规格式样都差不多。

他走过去问：“刚才我看见您从我家扛走一只箱子，箱子里装的是什么？这一堆箱子又是干什么用的？”

那人打量了他一眼，微微一笑说：“您家还有许多箱子要运走，您不知道？这些箱子都是您虚度的日子。”

“什么日子？”

“您虚度的日子。”

“我虚度的日子？”

“对。您白白浪费掉的时光、虚度的年华。您曾盼望美好的时光，但美好时光到来后，您又干了些什么呢？您过来瞧瞧，它们个个完美无缺，根本没有用过。”

他走过来，顺手打开了一个箱子。

箱子里有一条暮秋时节的道路。他的未婚妻格拉兹正在慢慢走着。

他打开第二个箱子，里面是一间病房。他弟弟约翰躺在病床上在等他归去。

他打开第三只箱子，原来是他那所老房子。他那条忠实的狗杜克卧在栅栏门口等他。它等了他两年，已经骨瘦如柴。

他感到心口被什么东西夹了一下，绞疼起来。陌生人像审判官一样，一动不动地站在一旁。

他说：“先生，请您让我取回这三只箱子，我求求您。起码还给我三天吧。我有钱，您要多少都行。”

陌生人做了个根本不可能的手势，意思是说，太迟了，已经无法挽回。说罢，那人和箱子一起消失了。

夜幕悄悄降临，把大地笼罩在黑暗之中。

时间摸不着，看不到，你可以随意摆布时间，但同时你也会得到更多的惩罚。

年年岁岁花相似，岁岁年年人不同。莫等闲，白了少年头！

3. 时间并非无情物

“落红不是无情物”（清·龚自珍《已亥杂诗》），时间也是一样，它是有情的，是最公正的，你怎么对待它，它就怎么回报你。

哲人伏尔泰问：“世界上，什么东西是最长而又是最短的；最快的而又是最慢的；最能分割的又是最广大的；最不受重视的又是最受惋惜的；没有它，什么事情都做不成；它使一切渺小的东西归于消灭；使一切伟大的东西生命不绝？”

智者查帝格回答：“世界上最长的东西莫过于时间，因为它永无穷尽；最短的东西也莫过于时间，因为人们所有的计划都来不及完成；在等待着的人看来，时间是最慢的；在作乐的人看来，时间是最快的；时间可以扩展到无穷大，也可以分割到无穷小；当时谁都不重视，过后谁都表示惋惜；没有时间，什么事都做不成；不值得后世纪念的，时间会把它冲走，而凡属伟大的，时间则把它们凝固起来，永垂不朽。”

时间无限，生命有限。在有限的生命里把时间拉长的人就拥有了更多做事情的本钱。

生命是短暂的。时间也是在不断减少的，每一个人对实际时间的利用和发挥不一样，因而实际生命的长短也是不一样的。以分计算时间的人比用时计算时间的人，要多59倍，以秒计算时间的人则又要比用分计算时间的人，又多拥有59倍的时间。所以对于挤时间的人来说，时间是不断增加的，甚至是成倍地增加。

鲁迅说：“节约时间，也就是使一个人的有限的生命更加有效，而也就等于延长我们的生命。”又说：“时间是海绵里的水，只要你愿意挤，总是有的。”

伟人们之所以能到达并保持着高处，并不是一蹴而就，而是因为他们在同伴们都睡着的时候，在夜里还辛苦地往上攀爬。

得到时间，就是得到一切。失去时间，也就意味着万物化为乌有，一切不复存在！

4. 和时间赛跑争输赢

时间对于任何人来说，一天都是24小时，但是每个人每天使用时间的差别却大相径庭。有的人根本什么也没做，所以浪费一天；有的人用一些，有的人则充分利用，还嫌上帝给的不够多。现代人的生活状况不正是如此吗？有些人总好像是很忙碌，打电话给他一定是左一句忙，右一句忙，但是，忙来忙去也不知忙些什么。反过来看，有些人随时都是从容不迫的样子，难道谁能肯定他不忙吗？未必吧！

一个真正懂得时间管理的人，应能依事情的轻重缓急来定时间的先后顺序，这样，当重要事件发生时，才能不慌不忙地一一处理。这样的人才叫懂得时间管理观念的人。

我们会经常发现，陌生人也好，熟人也好，每次约定了面谈时间，总会有人迟到，匆忙跑进来，然后道歉不已，这样没有时间观念的人，在先入为主的印象上已被扣了不少分了。

因此与人约会一定要比预定的时间更早一些出门，要把路上可能发生的事（如塞车、停车问题……）都包含在内，有句话说得好，屋里忙，屋外就不用忙。

有一位商业人士，说过这样一段话："在车上时我都做什么？每遇红灯，我就会把当日报纸拿出来看看大标题、看重点，以便知道世界上发生了什么事。同时，我的耳朵也没闲着，平时我习惯一上车就开始放社会大学的录音带（自我充电）；但是，精神较紧张时，则会选听一些开发潜意识的音乐CD。就这样了吗？还不止，眼睛在顺便看街景时，偶然有什么感触、想法或创意时，一遇上红灯便会抽出名片或小记事本来写下心得。比起许多人塞车、等红灯时的心浮气躁，破口大骂，我的做法是不是比较具有创造性及建设性呢？”

所以，他的经验值得学习，利用好一切时间在市区开车就像练毛笔字，一方面可以修身养性，陶冶性情；一方面也可以使人格得到提升。

事实上，可以运用时间的方法有很多，善用剩余时间就是很好的一种。

剩余时间，也就是所谓的“角落时间”，5分钟、10分钟，别小看它，积累起来也占了大半天呢！

比如许多学生都会在等公共汽车或坐地铁时背英文单词，相比之下，他们可能比那些缴钱去补习班学一年英文的学生还要有效率得多，因为如果不懂得善用、拼凑这些“剩余时间”，就会发现，其实它们真的很多也很有用！

另外，就是要减少时间的浪费，做任何事时都先计划一下，无论是出去郊游还是逛商场购物，都要弄清楚目的地，否则乱走乱逛的，不知要浪费多少时间。

时间的使用价值，大多来自于个人的价值、判断与认知，重要的是要知道在轻重缓急间如何取舍。譬如家人和朋友孰轻孰重？私事和公事哪样得先处理？有了比较清楚明确的价值判定后，就不会有太多紧张、担心、犹豫不决，就能放心大胆地去做该做的事。

而在决定时间的排序时，什么是紧急又重要，什么是重要却不紧急，什么是紧急却不重要，什么又是不紧急又不重要的，概念理清，是应具备的基本能力，这样便不易慌乱。当然，最重要的是要知道生活上的目标，因为时间管理和自己的目标设定息息相关，必须知道自己有什么梦想、希望要实现？什么时候要达成？而在努力完成的过程中，时间的价值便创造出来了。

很多人没有时间观念，这样就需要迅速养成好的守时的时间观念。

中国人很奇怪，愈是亲近的家人、好友就愈不重视守时。当和老板及刚开始交往的男、女朋友或是有利害关系、业务往来的人约会时，从不敢迟到；相反的，和自己的家人、好友约会时，迟到反而成了正常现象。这些人心里都认为，反正他们是自己人，等一下也没关系！这样，就形成了特有的新旧之分的时间观念，这不利于自己守时习惯的养成和时间的利用，也浪费别人的时间。

其实，愈成功的人愈讲究时间的观念，而他们也最喜欢守时的人。如果我们都能养成珍惜时间的习惯，那么，我们离成功也就不远了！

5. 把时间变成财富

任何一个成功者都十分珍惜时间，知道时间的宝贵。那些海阔天空闲聊、胡扯的人，都是他们下逐客令的对象。消耗他们的时间等于让他们失去了宝贵的机会和财富。

成功的人在得知来客名单之后，就决定预备出多少时间。老罗斯福总统就是这样做的一个典范：当一个分别很久只求见一面的客人来拜访他时，老罗斯福总是在热情地握手寒暄之后，便很遗憾地说他还有许多别的客人要见。这样一来，他的客人就会很简洁地道明来意，告辞而返。

某位大公司的老总向来就有待客谦恭有礼的美名，他每次与来客把事情谈妥后，便很有礼貌地站起来，与他的客人握手道歉，遗憾地说自己不能有更多的时间再多谈一会儿。那些客人都很理解他，对他的诚恳态度也非常满意，所以就不会再想到他竟然连多谈一会儿都不肯赏脸。

那些在大银行、大公司工作的许多经理，以及在各大企业财团工作的许多高级职员们，多年来都养成了这种本领。有很多实力雄厚、深谋远虑、目光敏锐、吃苦耐劳的大企业家，都是以沉默寡言和办事迅速、敏捷而著称的。即使他们所说出来的话，也是句句都很准确、很到位，都有一定的目的。他们从来不愿意在这里头耗费一点一滴的宝贵资本——时间。当然，有时一个做事待人简捷迅速、斩钉截铁的人，也容易引起他人的一些不满，但他们绝对不会将这些不满放在心上。为了要在事业上有所成就，为了要恪守自己的规矩和原则，他们不得不减少与那些和他们的事业没有什么关系的人来往。

商人最可贵的本领之一就是与任何人来往，都能简捷迅速。这是一般成功者都具有的习惯。一个人只有真正认识到时间的宝贵，他才有意志力去防止那些爱饶舌的人来打扰他。

在美国现代企业界里，商人接洽生意能以最少的时间发生最大效力的人，首推金融大鳄摩根。

摩根的晚年仍然是每天上午九点三十分进入办公室，下午五点回家，有的人对摩根的资本进行了计算后说，他每分钟的收入是20美元，但摩根自己说好像还不止。所以，除了与生意上有特别重要关系的人商谈外，他还从来没有与人谈到五分钟以上。

通常，摩根总是在一间很大的办公室里，与许多职员一起工作，他不像其他的很多商界名人，只和秘书待在一个房间里工作。摩根会随时指挥他手下的员工，按照他的计划去行事。如果你走进他那间大办公室，是很容易见到他的，但如果你没有重要的事情，他是绝对不会欢迎你的。

摩根有极其卓越的判断力，他能够轻易地猜出一个人要来接洽的是什么事。当你对他说话时，一切转弯抹角的方法都会失去效力，他能够立刻猜出你的真实意图。具有这样卓越的判断力，真不知道使摩根节省了多少宝贵的时间。

为了恪守珍惜时间的原则，他招致了许多怨恨，但其实人人都应该把摩根作为这一方面的典范，人们应具有这种珍惜时间的习惯。

6. 浪费时间是最大的错误

每一个成功的人都非常珍惜自己的时间。一个做事有计划的人总是能判断时间的价值，如果有很多不必要的废话，他们宁可不说。同时，他们也绝对不会占用别人的时间，去海阔天空地谈些与工作无关的话，因为这样做实际上是在妨碍别人的工作，浪费别人的生命。

一位作家在谈到珍惜时间时说："如果一个人不争分夺秒、惜时如金，那么他就没有奉行节俭的生活原则，也不会获得巨大的成功。而任何伟大的人都争分夺秒、惜时如金。""浪费时间是生命中最大的错误，也是最具毁灭性的力量。大量的机遇就蕴含在点点滴滴的时间之中。浪费时间是多么能毁灭一个人的希望和雄心啊！它往往是绝望的开始，也是幸福生活的扼杀者。年轻生命最伟大的发现就在于时间的价值……明天的财富就寄寓在今天的时间之中。"

时间宝贵，"光阴一去不复返"。当你踏入社会开始工作的时候，一定是浑身充满干劲的。你应该把这干劲全部用在事业上，无论你做什么职业，你都要努力工作、刻苦经营。如果能一直坚持这样做，那么这种习惯一定会给你带来丰硕的成果。

成功的人不会浪费时间，他们把点点滴滴的时间都看成是浪费不起的珍贵财富，把时间看成是上苍赐予的珍贵礼物，它们如此神圣，绝不能胡乱地浪费掉。

如果不趁年富力强的黄金时代去培养自己善于珍惜时间和精力的好性

格，那么他以后一定不会有什么大成就。世界上最大的浪费，就是把一个人宝贵的精力和时间无谓地用到许多不同的事情上。一个人的时间有限，想要样样都好，绝不可能办到，如果你想在某些方面取得一定成就，就一定要牢记这条法则。

一个人真正拥有，而且极度需要的只有时间。其他的事物都不可能完全的拥有，或是多多少少都部分和曾经为他人拥有。像在地球上占有的资源、走过的土地、拥有的财产等，都只是短时间拥有。时间如此重要，但仍有很多人随意浪费掉他们宝贵的时间。

太多人浪费80%的时间在那些只能创造出20%成功机会的人身上；雇主花费太多时间在那些最容易出问题的20%的人身上；经纪人花费太多时间在不按时参加演出工作的演员或模特儿身上；政治家花费多数时间为20%的有问题或就是问题本身的人运作议事，而那些人甚至不是当初投票给他们的选民。这就是“80%效应”。

尽可能避免不必要的电话和约会，特别是在你一天中效率最高的时段。

节省其他的时间，优先处理那些能帮助你达成目标和梦想的工作和约会。

果断抛开那些浪费时间的事，绝不要让多余的人或事占用你的时间。不因别人开口要求，或接到电话或传真就去做某事。该说“不”时就说“不”。

把所有的时间都看作是有用的。尽量从每一分钟里得到满足，这种满足是多方面的，它不仅包括取得一定的成就，也包括从消遣中得到的快乐，等等。

尽量在工作中以苦为乐，要善于在枯燥无味的工作中发现能够引起自己极大兴趣的因素，这样可以大幅度地提高工作效率，从而大大节约时间。

作为一个终生乐观者，尽量把烦恼和忧愁从自己的心中排除出去，这样就可以做到每一分钟都过得有意义、有价值。

在工作中一定要寻求取得成功的有效途径，把所做的一切工作都建立在期望成功的基础上。

不要在惋惜失败上浪费时间。如果经常因为某些事情的失败而惋惜，这本身就是浪费时间，而且还会造成心理上的压力。

既往不悔，即使做错了也不后悔。经常悔恨以前所做过的事情，会浪费许多时间。所以从时间这个角度来看，任何懊悔都是不必要的。

充足的时间应用在最重要的事情上面。这是节约时间的诀窍，如果常常在不重要的事情上纠缠，就难以达到节约时间的目的。

经常掌握一些新的节约时间的技巧，对这些新的节约时间的技巧应尽快熟知并加以利用。

对自己的习惯要经常进行反省，好的保留，不好的坚决改掉。

别空等时间。假如必须花费时间进行等待，如等车、等电话等，应当把等待当做是构想下一步工作计划的良机，或者用它来看书看报。

一次最好只专心致力于一件事。

对自己的每一项计划都要确定完成的期限，要尽可能在期限内把它完成，绝不可超过期限。

珍惜每一分钟时间，绝不浪费，明天的希望和幸福就在此时此刻的时间中，要利用好它们。

7. 时间是海绵里的水

鲁迅曾经说：“时间就像海绵里的水，只要你愿意挤，总会有的。”要想赢得时间，争取时间，就必须如同海绵里挤水一样，挤出时间来，把每一刻可利用的时间都用来奋斗。

我们应该养成勤于记录时间消耗的习惯。办法是在做完一件事之后，立即记录下所耗费的时间，每天一小结，连续记一周、两周或一个月，然后进行一次总体分析，看看自己的时间究竟用到什么地方，从中找出浪费时间的原因。专家研究证明，凡是这样做的人，对于节省时间、提高效率，收效甚大。现在人们常常把“应该”花费的时间，看成是实际已经花费的时间，而这两者往往是不相等的两个量。如果人们问一位领导者：“您今天上午做了什么，花了多少时间？”答曰：“起草报告花了3小时。”其实，在这3小时中，他喝茶，抽烟花费了18分钟，中途休息了两次，花费了23分钟，与同事聊天，花费了27分钟，接3次电话，花费了5分钟，这样总共花费了73分钟，实际上真正用于起草报告的时间只有1小时47分钟。可见浪费时间是多么惊人。因此，进行时间消耗记录，对时间使用进行统计分析，对于每个人提高时间利用率，是一件十分重要的工作。

这里介绍一位前苏联昆虫学家柳比歇夫的时间统计方法。柳比歇夫的一生，成就赫赫，硕果累累，他发表了70多部学术著作，写了12500张打字稿的论文的专著，内容涉及遗传学、科学史、昆虫学、植物保护、哲学等广泛的领域。在这些成就中，有相当一部分要归功于他那枯燥乏味的日记本——“时间统计册”。柳比歇夫每天的各项活动，包括休息、读报、写信、看戏、散步等等，支出了多少时间，全部记录在案。连子女找他问话，他解释问题，也都在纸上作记号，记录花了多少时间。每写一篇文章，看一本书，写一封信，不管干什么，每道工序的时间都算得清清楚楚，内容之细令人惊讶。

柳比歇夫从1916年元旦开始作时间统计。他每天核算自己花费的时间，一天一小结，每月一大结，年终一总结，直到1972年他去世那一天，56年如一日，从未间断。他每天记下做各种事情的起讫时间，相当准确，误差不超过5分钟。所有毛时间都被扣除，他注意每天纯时间的数量。他介绍说：“工作中的任何间歇，我都要刨除。我计算的是纯时间，纯时间要比毛时间少得多。所谓纯时间，就是你花在这项工作上的时间。”经过准确的时间统计，柳比歇夫把一昼夜中的有效时间即纯时间算成10小时，分成3个“单位”或6个“半单位”。分别从事两类工作：第一类是创造性的科研工作，如写书、研究、做笔记等；第二类是不属于直接科研工作的其他活动，如作学术报告、讲课、开学术讨论会、看文艺作品等。除了最富于创造性的第一类工作不限死时间以外，所有计算过的工作量，都竭力按时完成。1966年，他已经76岁了，用来处理第一类工作的时间，平均每天为5小时13分，天天如此。5小时内决没有歇会儿抽支烟的工夫，没有聊天谈话，没有溜达散步，也没有听别人的谈笑风生。这是真正不打折扣的5小时！

学习柳比歇夫的时间统计方法，我们会终身受益。

在相同的时间内，用相同的劳力做尽可能多的事情的最佳方法就是即时处理。

所谓即时处理，简单地说，就是凡自己决定要做的事，不管它是什么事，就立刻动手去做，“立刻”这一点至关重要。

立刻动手，这不仅省去了记忆、记载或从头再干的功夫，而且可以解除把一件事总记挂在心上的思想包袱。

如果对一切事务性的工作都采用“一次性处理”，那么就省去了对一件事再做第二次、第三次的功夫。如果有信件需答复，应看完原信后立即动手写回信。如果拖延几天再写，就得再一次读原信，当然就多费了一些功夫。如果有事非得作决定，便立刻作出决定。

脑海中一旦闪现出对工作有用的想法和主意时，也马上动手记下来。无论什么事，“再来一次”，都会造成时间浪费。诚然，有些事情是需要深思熟虑的，是需要花时间考虑的。但对于不太重要的事或急事，立刻动手干则是上策。

学会赢得时间从重视每一天开始。重视一天即意味着连现在的一小时也很重视，重视一小时即连目前的一分钟也要重视，而重视时间即意味着重视每一瞬间的意思。

出身贫寒、却因为不断努力而闻名世界的法国昆虫学家法布尔，是一个能在工作中发现生活意义的人。法布尔说：“忙得连一分钟休假时间都没有，对我来说才是最幸福的事。工作就是我最重要的生活意义。”

他是非常努力的人，从少年时代对昆虫产生兴趣后，为了更深入研究，遂倾尽心力，即使一分一秒也不浪费掉，因而他最后完成了一部名著《昆虫记》。

我们常常说：“今天一定要达到这个标准。”可是这并不表示说只要在今天结束以前能达到目标就好了。有句话说：“时间就是现在”，其意思就是要我们现在立刻出发。

“今天”，并不仅仅指24小时，应该还指着现在的一小时或一分钟。所以，要你“今天一整天去奋斗”，也就是要你把握住现在的每一小时，每一分钟奋斗的意思。

常有人说，要写一本书实在是一件大事情。目前工薪阶层的人，一边上班、一边写小说的人却越来越多。他们因对公司的工作不敢偷懒，所以写小说的时间实在很少，因此他们都利用上班前的5分钟来写小说，这样慢慢地写下去，不久就可以完成一本书，像这种5分钟的累积是很重要的。存钱也是一样，想一下子就存大钱，容易有挫折感。应该每天存一点点，10元、20元也好，慢慢存下去，不久后就会变成大钱了。

只要能够养成珍惜每一刻而去努力的习惯，像海绵里挤水一样，这样累积下去，就会产生出好的结果来。

8. 虚掷光阴只能收获悔恨

决不要因为今天一秒钟时间的微不足道而不屑一顾！那些现在嘲笑一秒钟时间微不足道的人，将来会为生命中不能再多拥有一秒钟时间而感到悔恨。每一秒都是生命的组成，虚掷光阴只能收获悔恨！

年轻时大家都认为自己有足够的时间，许多人才会在不知不觉中把时间白白地浪费掉了。殊不知，时间就好像财富一样，当发觉财富已经用尽、时光永不再来，此时才想起来后悔，就已经太迟了。

英国的财政部长劳恩斯经常说："决不要因为一便士价值太过渺小而不屑一顾！那些现在嘲笑一便士的价值渺小的人，将来会为赚取一便士的辛酸而哭泣！"对此，劳恩斯部长总是身体力行。后来，他为自己的两个孙子留下了很多的财产。当然，这种观点在时间管理方面的应用价值更大。把这句话套用来也可以这么说："决不要因为今天一秒钟时间的微不足道而不屑一顾！那些现在嘲笑一秒钟时间微不足道的人，将来会为生命中不能再多拥有一秒钟时间而感到悔恨！"因此，无论是多么短的时间，你都不能疏忽掉。假如你根本毫不在乎这看似微不足道的一分一秒的时间的话，那么，一天之中，你很容易便会浪费掉好几个小时。这样，一年累积下来，你便是耗费掉了一生中最宝贵的百分之一，或者更多的时间。

正确对待时间的问题，就是不要把“空闲时间”变成“空白时间”！在实际生活和工作中不管你多么有效率，总是会有人或发生的某件事情要让你等待：你可能错过公交车、地铁、飞机，碰上出其不意的中途出故障，你也许已经尽可能小心地计划一件事情，但是你可能意外地被困在机场，这样，你也就有了一段需要支配的时间。而几乎所有成功人士在这种情况下所做的是：带本书阅读，写东西或修改报告。总之，可以在这样的时间里做任何工作。如果你也这样做，你不但挖掘出了那些隐藏的时间，而且你也向成功者的行列迈进了一步。

许多伟人之所以能名垂青史，一个重要的原因就在于他们生命里的每一分钟，都在坚持不懈地工作、积累与进步。在但丁所生活的年代，几乎意大利所有的文学创作者同时又是刻苦工作、尽职尽责的商人、医生、政治家、法官或士兵。

只要是能把一些不起眼的时间积累起来加以利用，就一定会产生出丰硕的成果。九层之台，起于垒土。一个人只要每天抽出一小段时间有效地加以利用，就必能做出一番伟大的事业来。

在这个社会上，很多人都不懂得如何把握时间，他们只会把时间虚掷在一些毫无意义的事情上。例如，有的人常常会躺在椅子上，伸着懒腰，口中还念念有词地说着什么“做什么好呢？时间那么少，做什么都不够……”其实，他并非没有时间，而是光说不练。如此一来，时间自然白白浪费掉了。你可以观察一下，这种人在读书与工作方面，大多不会有什么成就。

在年轻力壮的时候，悠闲度日是不可取的。因为这种生活方式比较适合于老年人。刚踏入社会的年轻人，应该始终充满积极向上的激情，并始终做到勤勉而又有耐心。

在能够为理想而奋斗的日子里，对人的一生具有重大的意义。如果能将现在的处境和未来的打算计划好，就能发自内心地督促自己：哪怕是一分一秒，也绝不能白白地浪费掉！

9. “逝者如斯夫”

孔子说：“逝者如斯夫！不舍昼夜。”（《论语 · 子罕》）时间是渐渐中流失的。在不知不觉之中，天真烂漫的孩子“渐渐”变成野心勃勃的青年；慷慨激昂的青年“渐渐”变成行动蹒跚的老人……

一年一年地、一月一月地、一日一日地、一时一时地、一分一分地、一秒一秒地渐进，犹如从斜度极缓的长远的山坡上走下来，使人难以察觉时间递减的痕迹，不见其各阶段的境界，而似乎觉得常在同样的地位，恒久不变。于是人生就被不知不觉过去了。

人之所以能堪受境遇的变衰，也全靠这“渐”的助力。巨富的纨袴子弟因屡次破产而“渐渐”荡尽其家产，变为贫者；贫者只得做佣工，佣工往往变为奴隶，奴隶容易变为无赖，无赖与乞丐相去甚近，乞丐不妨做小偷……这样的例子，在实际中多得很。因为其变衰是延长为十年二十年而一步一步地“渐渐”地达到的，在本人不感到什么强烈的刺激。故虽到了饥寒病苦交迫的地步，仍是贪恋着目前的生的欢喜。假如一位巨富之子忽然变成了乞丐或小偷，这人一定是自甘堕落到了无可救药的地步。

这真是大自然的神秘的原则，造物主的微妙的工夫！阴阳潜移，春秋代序，以及物类的衰荣生杀，无不暗合于这一法则。由萌芽的春“渐渐”变成绿荫的夏，由凋零的秋“渐渐”变成寂寂的冬。我们虽已经历数十寒暑，但在围炉拥裘的冬夜仍是难于想象饮冰挥扇的夏日的心情，反之亦然。昼夜也是如此：傍晚坐在窗下看书，书页上“渐渐”地黑起来，倘不断地看下去，几乎辨别不出书页上的字迹，不觉夜幕已经降临；黎明凭窗，不眨眼地注视东天，也不辨自夜白昼推移的痕迹。儿女渐渐长大起来，在朝夕相见的父母全不觉得，难得见面的远亲就相见不相识了。

“渐”的作用，就是用每步相差极微极缓的方法来隐蔽时间的过去与事物的变迁的痕迹，使人误认其为恒久不变，这真是造物主骗人的一大诡计！

这是一个有寓意的故事：某农夫每天早上抱着牛犊跳过一沟，到田里去劳作，日暮又抱着它跳过沟回家。每日如此，未尝间断。过了一年，牛犊已渐大、渐重，差不多变成大牛，但农夫全不觉得，仍是抱着它跳沟。有一天，他再也抱不动这牛跳沟了。抱着日重一日的牛而跳沟，不能停止，自己误以为是不变的，其实每日在增加其苦劳！

时钟是人生的最好的象征了。时钟的指针，平常一看总觉得是“不动”的；其实人造物中最常动的无过于时钟的针了。日常生活中的人生也如此，刻刻觉得我是我，似乎这“我”永远不变，实则与时钟的针一样的无常！一息尚存，总觉得我仍是我，我没有变，还是流连着我的生，可怜受尽“渐”的欺骗！

“渐”的本质是“时间”。时间让人觉得不可思议。时间全然无从把握，不可挽留，只有过去与未来在渺茫中不断地相追逐而已。一般人对于时间的悟性，似乎只够支配搭船乘车的短时间；对于百年的长时间的寿命，他们不能胜任，往往迷于局部而不能顾及全体。乘火车的旅客中，常有明理的人，有的宁牺牲暂时的安乐而让其座位于老弱者，以求得心的太平或博得暂时的美誉；有的见众人争先下车，而退在后面，或高呼“不要抢，都要下得去的！”然而在乘“社会”或“世界”的大火车的“人生”的长期的旅客中，就少有这样的明达之人。

“蜗牛角上争何事？石火光中寄此身。”英国诗人布莱克也说：“一粒沙里见世界，一朵花里见天国；手掌里盛住无限，一刹那便是永恒。”看来不无道理！

第十章

天道酬勤，勤奋是人生腾飞的翅膀

勤奋是人生振翅高翔的羽翼，只有它能使人生变得深刻和完整。勤劳才是传家宝，靠勤劳，任何人在任何时代都会打造出一片天地来。古人云：天道酬勤。勤奋是通向成功的必由之道，爱拼才会赢，要想出人头地就必须勤奋。勤奋的人才是自立、自尊、受人爱戴的。要问人生的秘诀，那便是勤奋。

1. 勤奋是成功的不二法门

只要勤奋，肯努力，你就能实现你的梦想。付出才有收获，勤奋是成功的不二法门。

美国作家杰克·伦敦在19岁以前，还从来没有进过中学。他在40岁时就死了，可是他却给世人留下了51部巨著。

杰克·伦敦的童年生活充满了贫困与艰难，他整天像发了疯一样跟着一群恶棍在旧金山海湾附近游荡。说起学校，他不屑一顾，并把大部分的时间都花在偷盗等勾当上。不过有一天，当他漫不经心地走进一家公共图书馆内开始读起名著《鲁滨孙漂流记》时，他看得如痴如醉入神了，并受到了深深的感动。在看这本书时，饥肠辘辘的他，竟然舍不得中途停下来回家吃饭。第二天，他又跑到图书馆去看别的书。一个新的世界展现在他的面前——一个如同《天方夜谭》中巴格达一样奇异美妙的世界。从这以后，一种酷爱读书的情绪便不可抑制地左右了他。他一天中读书的时间往往达到了10至15小时，从荷马到莎士比亚，从赫伯特·斯宾塞到马克思等人的所有著作，他都如饥似渴地读着。当他19岁时，他决定停止以前靠体力劳动吃饭的生涯，改成用脑力谋生。他厌倦了流浪的生活，他不愿再挨警察无情的拳头，他也不甘心让铁路的工头用灯揍自己的脑袋。

于是，就在他19岁时，他进入加州的奥克兰德中学。他不分昼夜地用功，从来就没有好好地睡过一觉。天道酬勤，他也因此有了显著的进步，他只用了3个月的时间就把4年的课程念完了，通过考试后，他进入了加州大学。

他渴望成为一名伟大的作家，在这一雄心的驱使下，他一遍又一遍地读《金银岛》、《基督山恩仇记》、《双城记》等书，随后就拼命地写作。他每天写5000字，这也就是说，他可以用20天的时间完成一部长篇小说。他有时会一口气给编辑们寄出30篇小说，但它们统统被退了回来。

后来，他写了一篇名为《海岸外的飓风》的小说，这篇小说获得了《旧金山呼声》杂志所举办的征文比赛头奖。但是他只得到了20元的稿费。他贫困至极，甚至连房租都付不起了。

那是1896年——令人兴奋和激动不已的一年。人们在加拿大西北柯劳代克，发现了金矿。

跟随着像蝗虫一样的淘金者人流，杰克·伦敦踏上了柯劳代克之路。他在那里待了一年，拼了命似的挖金子。他忍受着一切难以想象的痛苦，而最后回到美国时，他的囊中却仍然空空如也。

只要能糊口，任何工作他都肯干。他曾在饭店中刷洗过盘子，擦洗过地板；他在码头、工厂里卖过苦力。

后来，有一天他饥肠辘辘，身边只剩下两块钱了，他决定放弃卖苦力的劳苦工作，献身于文学事业。这是1898年的事。5年后的1903年，他有6部长篇以及125篇短篇小说问世。他成了美国文艺界的最为知名的人物之一。

无论是优裕的环境中，还是在穷困的环境中，只要肯勤奋，就会实现你的梦想，因为你付出了就会有收获，因为天道酬勤。

2. 业精于勤，荒于嬉

能够成就事业的人，关键是在于勤奋。勤者必成事，惰者必败事。这是不容置疑的。

养成勤劳的习惯，回报你的，也必将是丰厚的成果。所以，从某种意义上讲“成事在勤”是有一定道理的。所以，养成勤劳习惯，对于每个人来说都是必需的，也是必要的。

人在旅途，目的不仅仅是游山玩水，还应该肩负着人生的使命，向前走，不停地走，一直走到人生的终点，体味人生的意义，无怨无悔地走完人生之途。

旅途上的食粮便是勤奋。没有它，一个人不可能在人生路上走得很远，即使能走远，也是碌碌无为的，依然两手空空。只有勤奋，才能走好人生的路，获得事业的辉煌。无论是做到的抑或是没有做到的事，勤奋都可以让你获得应得的回报。要知道，圣贤不是天生的，都是勤奋造就的。

南宋的思想家和教育家朱熹，是个从小就立志当像孔子那样的人。在他上学读书的时候，有一天，老师有事外出，没有上课。学生们高兴极了，纷纷跑到院子里的沙堆上游戏、打闹。这时候，老师从外面回来了。他站在门口，望着这群天真活泼的孩子们“造反”的情景，摇摇头。猛然，他发现只有朱熹一个人没有参加孩子们的打闹，他正坐在沙堆旁，用手指聚精会神地画着什么。先生慢慢地走到朱熹身边，发现他正画着《易经》的八卦图。从此，先生便对他另眼相看了。

功夫不负有心人。朱熹这样好学，很快成为博学的人。10岁的时候，他已经能够读懂《大学》、《中庸》、《论语》、《孟子》等儒家典籍了。孟子曾说：“人人都可以成为尧舜那样的人。”当朱熹读到这句话时，高兴得跳了起来。他自言自语地说：“是呀，圣人有什么神秘呢？只要努力，人人都能够成为圣人啊！”

圣人其实并非可望而不可即，治学之路就如同登山，唯有攀登不辍，才能一步步靠近峰顶。“一览众山小”的圣人们的成功其实亦是由勤奋得来的。《史记·孔子世家》记载：“孔子晚而喜《易》，序《彖》、《系》、《象》、《说卦》、《文言》。读《易》，韦编三绝。”孔子读《易经》竟然能把编联简册的牛皮翻断三次，可见其勤奋。

世上任何事情，缺了勤奋就不易实现，如果有了勤奋，成功也就不会太难了。

伟大的劳动造就伟大的成就，而勤勉耕耘也就结出了丰硕的果实。

《史记》的作者司马迁，他在其父司马谈死后的第三年被任命为太史令。司马迁立志要写一部史书，通过网罗天下的旧闻轶事，考察事情的起始终末，“究天人之际，通古今之变，成一家之言”。司马迁如饥似渴地读国家珍藏的书籍。同时整理各种历史资料，目的只有一个，完成这部著作。有一天，上大夫壶遂来拜访司马迁。他看到司马迁埋头看书，孜孜不倦的样子，有点不明白，就问：“子长！听说你想写部史书，很好啊！可那不是件很容易的事，你没日没夜苦读，不觉得太辛苦了吗？”司马迁说：“先父在世的时候说过，周公死后五百年，出了个孔子，写了《春秋》。孔子死后到现在又有五百年了，应该有人能写出像《春秋》那样的书。先父去世了，这件事我应该承担，我要当仁不让，也不敢谦让啊！”壶遂理解了司马迁的写作意图，了解他的心思后，高兴地点头说：“子长，我明白了。你是要把这盛世的美德发扬光大，真是在做件大好事。我祝你早日成功。”不久，司马迁开始写作了。他反复研究和比较历代的史料，认真整理了自己亲手调查来的资料。经过多年的努力，一部史料详实全面、叙述生动感人的《史记》终于诞生了。

勤奋是通往成功的唯一的一条“华山之道”，登上它，才能撷取成功的果实。“书山有路勤为径”，不光如此，做任何事都应该勤奋对待。

3. 天才出自勤奋

养成勤奋的习惯，才能在事业上获得成功。很多人总想找一条通向成功的捷径，当众里寻它千百度之后，才发现“勤”字才是成大事的要诀。

天道酬勤。没有一个人的才华是与生俱来的，每一个成功者的背后，都有着勤奋的故事。在成功的道路上，除了勤奋，是没有任何捷径可走的，成功的人都是勤劳的人。鲁迅说得很形象：“其实即使天才，在生下来的时候第一声啼哭，也和平常的儿童一样，绝不会就是一首好诗。”“哪里有天才，我是把别人喝咖啡的工夫用在工作上。”

笨鸟先飞，尚可领先，何况并非人人都是“笨鸟”。勤奋使人如虎添翼，能想又能闯。任何事情，唯有不停前进方可保持生命力，不前进便要后退。在这个竞争激烈的社会，人才云集，竞争对手很多。快节奏的生活令人感到一种莫名的压力，而成就的得来并不像老鹰抓小鸡那样容易，它是靠勤奋得来的，停滞一步便会落后于人。

钱穆是现代著名的史学家、思想家，也是一位教育家。是从乡村中走出来的国学大师。他1931年到北大任教，之后又随西南联大到西南后方，直到1940年离开昆明去成都齐鲁大学国学研究所任教。这期间也曾在清华兼课，可以说是对北大、清华两校都有影响的国学大师。

作为一代国学大师，钱穆与同代其他思想家、学者不同，他没有念过大学，非学院派；他没有留过洋，非西洋派；他甚至比长期生活在文化政治中心的梁漱溟都不如，他来自中国社会最底层的乡村。他是从乡村中完全靠自身的勤奋努力走出来的史学巨擘。他在中小学任教之余，利用一切时间，博览群书，经、史、子、集无不涉猎，对考据、训诂亦极嗜好，终身以史学为归宿。

钱穆勤奋求学的经历很有代表性。无论是吃饭、课间休息、上厕所，他都要看书，不分严寒酷暑；夏天为防蚊叮，他学父亲把双足放在水中坚持夜读。又效仿古人刚日读经、柔日读史的方法，定于每日清晨必读经、子等难读之书，夜晚后开始读史书，中间上下午读一些闲杂书，科学安排时间。为了提高读书效率，有时间思考问题，1918年他学会了静坐，每天下午四点后必在寝室静坐，体悟到人生最大学问在于能虚此心，心虚才能静，才能排除杂念，专心攻读和思考。

语言学专家王力教授也自有其一番激人奋进的经历。王力教授常常向青年一代传授他的治学之道。他的成功来自于他的刻苦勤奋，年轻时夜以继日地看书，天文地理、经史子集，博览群书，打下了后来做学问的基础。他24岁学英语，27岁学法语，50岁学俄语，80岁高龄开始学日语，这种精神使他后来精通六国语言和几十种中国方言。

“文革”期间，王力遭到批斗，晚上坚持著书立说。1976年以后，他加快了研究的进度，每天坚持工作8小时以上。正是勤奋刻苦地学习，才使得王力教授博学多才而且硕果累累。

王力教授一生写了40多种学术著作，近200篇科学论文，共上千万字（译著不计在内）。他的研究涉及语言学的广阔领域，无论是语法、音韵和词汇，无论是汉语的现状和历史，都取得了丰硕的成果。这一切，无不是用勤劳的学习而获得的。

王力非常关注语言文字的运用，在文字改革、汉语规划和推广普通话方面做了大量工作。他还积极领导汉语教研室对语言文字教学的课程进行改革、创新。他主编的《古代汉语》，从1964年出版至今，一直是全国高等院校不可替代的好教材。

如果说天才，王力教授可以算得上是一位天才了。可这“天才”不是天生造就的，而是通过勤奋学来的。如果说成功，王力教授也可算得上是当之无愧的了，而这成功的途径，是用辛勤刻苦的汗水换来的。

自古以来，唯有勤奋才是无往不胜的成功秘诀。头悬梁、锥刺股，凿壁借光、闻鸡起舞……无不体现着一个“勤”字。唯有勤奋、努力，不停地学习，进步，成功的征途才会少一些弯路，才会少一些曲折。

4. 天道酬勤，爱拼才会赢

滴水石穿，绳锯木断。当我们勤奋不懈时，一切阻力都不会存在，成功就在掌握之中。

但凡在中关村工作过的人都可以体会到，人就像被绑在了陀螺上，不能有一刻的停歇。因为如果你一旦停下来，你就要被社会所淘汰。

“干什么那么玩命干啊？”很多人有这样的疑问，中关村人怎么回答呢？他们说：“虽然累，虽然辛苦，但是这是有回报的，我们尽力做好自己的事，是在长自己的本事，不断地克服一个又一个的困难，这样做可以提高我们个人的能力。”能力是你未来的生存基础。如果你的生存能力提高了，在未来的道路上你能走得更加潇洒。反之，如果你不能干好自己的工作，一天天地混，个人的能力不能持续地提高，企业很难用你。一时可能没什么，但你却把自己淘汰于时代的行列之外了，在别人前进时，你就已经落后了，“落后的国家要挨打”，落后的人则处于失败者的地位。

每天，当太阳升起来的时候，非洲大草原上的动物们就开始奔跑了。

狮子妈妈教育自己的孩子时说：“孩子呀，你必须跑得快一点，再快一点，更快一点，你要是跑不过最慢的羚羊，你就会饿死。”

而在另外一个场地上，羚羊妈妈也在教育自己的孩子：“孩子呀，你必须跑得快一点，再快一点，更快一点，如果你不能比跑得最快的狮子还要快，那你就肯定会成为他们的猎物，被他们吃掉。”

狮子与羚羊就是这样教育着自己的一代又一代，让他们努力加油，争取快一点，再快一点，更快一点。

我们每个人都是通过自己的努力来获得生存和发展的权利，你无法停下来，因为一个人停下来，他将被社会淘汰；一个企业停下来，它将被时代淘汰；而一个国家停下来，它将被世界所淘汰。生存竞争，这正是促进人类社会不断进步的源动力。

曾国藩是中国历史上有名的“圣相”，在我国的近代史中他占有了重要的一笔，即使是现在，《曾国藩家书》依然可以列为畅销的书籍，可见他对我们现代人的影响力之巨。这样一个闻名遐迩的人物，很多人认为他该是属于那种天纵英才之流的，但实际呢，据史书记载，他小时候可是天赋不高，甚至有点愚笨。

关于他有这样一件事，有一天他在家读书，对一篇文章重复不知道多少遍了，还在朗读，因为他还没有背下来。

偏巧，这时候他家来了一个贼，潜伏在他的屋檐下，那个贼希望等屋里的人睡觉之后进去捞点好处。可是等啊等啊，就是不见他睡觉，曾国藩还是翻来覆去读那篇文章。贼人大怒，跳出来说，“这种水平读什么书？”然后将那文章背诵一遍，扬长而去！

从这个故事中，可以知道，曾国藩实在是称不上天资聪颖的，反倒是那个贼人很聪明，至少比曾先生要聪明，但是这两个人的结局却不一样，那个人虽然聪颖，记忆力不一般，只是听了几遍的文章就可以复诵，但是还是成了一个贼，而曾国藩却成为了连毛泽东都钦佩的人，称赞道：“愚于近人，独服曾文正公。”

“勤能补拙是良训，一分辛苦一分才。”伟大的成功和辛勤的劳动是成正比的，有一分劳动就有一分收获，日积月累，从少到多，奇迹就可以创造出来。

5. 勤劳才有收获

只有用勤劳才能采集到真正的“金子”，用你的劳动去获得你想要的，比幻想你想得到的更重要。

自从传言有人在萨文河畔散步时无意发现金子后，这里便常有来自四面八方的淘金者。他们都想成为富翁，于是寻遍了整个河床，还在河床上挖出很多大坑，希望借此找到更多的金子。的确，有一些人找到了，但另外一些人因为一无所得只好扫兴归去。

也有不甘心落空的，便驻扎在这里，继续寻找。彼得·弗雷特就是其中的一员。他在河床附近买了一块没人要的土地，一个人默默地工作。他为了找金子已把所有的钱都押在这块土地上。他埋头苦干了几个月，直到土地全变成坑坑洼洼，他失望了——他翻遍了整块土地，但连一丁点金子都没看见。

六个月以后，他连买面包的钱都快没有了，于是他准备离开这儿到别处去谋生。

就在他即将离去的前一个晚上，天下起了倾盆大雨，并且一下就是三天三夜。雨终于停了，彼得走出小木屋，发现眼前的土地看上去好像和以前不一样：坑坑洼洼已被大水冲刷平整，松软的土地上长出一层绿茸茸的小草。

“这里没找到金子，”彼得忽有所悟地说，“但这土地很肥沃，我可以用来种花，并且拿到镇上去卖给那些富人。他们一定会买些花装扮他们华丽的厅堂。如果真这样的话，那么我一定会赚许多钱，有朝一日我也会成为富人……”

彼得仿佛看到了将来，决定不走了，留下来种花。

彼得花了不少精力培育花苗，不久田地里长满了美丽娇艳的各色鲜花。

他拿到镇上去卖，那些富人一个劲地称赞：“噢，多美的花，我们从没见过这么美丽鲜艳的花！”他们很乐意付少量的钱来买彼得的花，以便使他们的家庭变得更富丽堂皇。

五年后，彼得终于实现了他的梦想——成了一个富翁。

阿凡提借来几两金子，骑毛驴到野外，坐在黄沙滩上细细筛起来。不一会儿，国王打猎从这儿经过，问道：

“喂，阿凡提，你这是干什么？”

“陛下，我正忙着在种金子哩！”

国王听了感到诧异，又问道：“快告诉我，聪明的阿凡提，金子咋个种法？”

“您怎么不明白呢？”阿凡提说，“现在把金子种下去，到秋天就可以来收割，把头十两金子收回家去了。”

国王一听，眼睛都红了，连忙陪着笑脸跟阿凡提商量起来：“阿凡提，你种这么点金子，能发多大的财？要种就多种点。种子不够，到我宫里拿好了！要多少有多少，就算是咱俩合伙种的，长出金子来，十成给我八成就行了。”

“那太好啦，陛下！”

第二天，阿凡提就到宫里拿了二斤金子。过了一个星期他给国王送去了十来斤金子。国王打开口袋，一看金光闪闪，简直乐得闭不上嘴，他立刻吩咐手下，把库里存着的好几箱金子都交给阿凡提去种。

过了一个星期，阿凡提空着一双手，愁眉苦脸地去见国王。国王问道：“驮金子的牲口都来了吧？”

“真倒霉呀！”阿凡提忽然哭了起来，说道：“您不见这几天一滴雨也没下吗？咱们的金子全干死啦！别说收成，连种也赔了。”

国王顿时大怒从宝座上直扑下来，狂呼大吼道：“胡说八道！我不信你的鬼话！你想骗谁！金子哪会干死的？”

“这就奇怪了！”阿凡提说，“您要是不相信金子会干死，怎么又相信金子种上了能长呢？”

国王听了，再也说不出话来。

“摇钱树”、“聚宝盆”恐怕只会在传说中才有，现实中不会有。做任何事都是如此，勤劳才是摇钱树，唯有勤劳才是人生的“金子”。

6. 勤劳方能自立

勤劳的人才充实，才会体味到勤奋的意义，勤劳方能自立，方知生活的美好。

无论劳心劳力，竭尽所能勤勉从事，各行各业，凡是勤奋不怠者必定有所成就，出人头地。

出家的和尚，息迹岩穴，处于山水之间，看破红尘，与世无争，他们也自有一番精进的功夫要做，于读经礼拜之外还要勤行善法不自放逸。且举两个实例：

一个是唐朝开元天宝年间的百丈怀海禅师，师事马祖道一时得传心印，精勤不休。他创设禅院，制定了“百丈清规”，自己笃实奉行，倡导

“一日不作，一日不食”，一面修行，一面劳作。“出坡”的时候，他率先行动以为表率。到了暮年仍然照常操作，弟子们于心不忍，偷偷地把他的农作工具藏匿起来。禅师找不到工具，那一天没有劳作，但是那一天他也就真的没有吃东西。他的刻苦精神感动了不少的人。

另一个是清初以山水画著名的石溪和尚。请看他自题《溪山无尽图》：“大凡天地生人，宜清勤自恃，不可懒惰。若当得个懒字，便是懒汉，终无用处……残袖住牛首山房，朝夕焚诵，稍余一刻，必登山选胜，一有所得，随笔作山水数幅或字一段，总之不放过。所谓静生动，动必作出一番事业。端教一个人立于天地间无愧。若忽忽不知，懒而不觉：何异草木？”人而不勤，无异草木，这句话沉痛极了。过饱食终日无所用心的生活，英文叫做Vegtat，意为过植物的生活。中外的想法不谋而合。

勤的反面是懒。早晨躺在床上睡懒觉，起得床来仍是懒洋洋的不事整洁，能拖到明天做的事今天不做，能推给别人做的事自己不做，不懂的事情不想懂，不会做的事不想学，无意把事情做得更好，无意把成果扩展得更多，既好逸乐，四体不勤，念念不忘的是如何过周末如何度假期。这就是一个标准懒汉的写照。

好逸恶劳，人之常情。就因为这是人之常情，人才需要鞭策自己。勤能补拙，勤能损欲，这还是消极的说法，勤的积极意义是要人进德修业，成为名副其实的万物之灵。

其实，对许多人来说，失败使人重新评价自己的生活，从而整装上阵。失败意味着一定的损失，但同时也意味着获得只属于勤于奋斗的人，只有他们才能体味到其中的奥妙。

勤劳的人方知道生活的美好，才能获得生存的回报。

7. 勤劳才能出人头地

一分耕耘，一分收获。勤劳与收获是成正比的，没有轻而易举的成功，只有勤奋成才的真理。

一位魔术大师在苏丹面前表演魔术，他的精彩表演使苏丹大为赞赏，被称为天才。

可是一位大臣说：“陛下，大师不是从天上掉下来的，这位大师的技艺，是他勤奋练习的结果。”

苏丹被臣子反驳之后，感到大为扫兴，于是他轻蔑地对他大喊道：“你没有任何天才，你到城堡里去吧！在那里你可以好好考虑我的话。为了不让你感到寂寞，送给你一只小牛犊做伴。”

从到牢房的第一天起，这位大臣就练习抱着小牛犊，从下面的台阶一直走到塔楼。几个月后，小牛犊长成了一头很结实的公牛，大臣的力气也大增。

一天，苏丹突然想起他的大臣还在监牢里，于是就去看他。当苏丹看到他时，非常惊讶：“真主呀，这多么神奇，多么不可思议呀。”

这位大臣，用双手捧着一头大牛，对苏丹说了从前说过的话：“陛下，大师不是从天下掉下来的。我的力量是我勤奋练习的结果。”

没有苦，哪有甜，不靠勤劳的双手，靠别人的施舍，终究是个“奴仆”。

阿拉伯有一位著名的驯马师，他驯出来的马被称为神马。熟悉驯马师的人都知道，每天早上，驯马师会指挥着一群马绕圈子跑，这其中有雄健的大马，也有很小的幼马。驯马师的助手，则一边呵斥着马，一边抓着马鞍左右跳跃，看起来活像马戏团的特技表演。到了中午，沙漠的太阳正毒，驯马师却和他的助手骑着马向沙漠深处奔去，下午4点，当他们返回时，人们才发现每人手上都拿着一把弯刀，仿佛出征归来的样子。

有人问驯马师："你为什么要叫许多马绕圈子呢？"

驯马师说："因为我教那些小马，跟在大马身后，学习听口令和服从。没有大马的带领，小马是很难教的。如果我是老师，大马就是家长，我在学校教导，父母在家中带领，任何一方都不能少。"

"那你的助手为什么要抓着马鞍左右跳跃呢？"

"那是教马学会均衡，保持稳定。"

"至于中午的时候骑马出去，"驯马师接着说，"是因为中午天气最为炎热，让马在一望无际、其热如焚的沙漠里奔跑，这是一种磨炼，经得起的才能成为千里马。而弯刀，是我们故意舞给马看的，用刀光闪烁刺激马的眼睛，发出强烈的音响。经历这种场面，还能镇定自若的，才能成为最好的战马。"

人的成长与驯马是同理的，正如俗语所说，"自在不成人，成人不自在，吃得苦中苦，方为人上人。"如果你不能勤奋努力，如果你吃不了勤中之苦，怎么能出人头地呢?

流自己的汗，吃自己的饭，这样才吃得香，才有味道。

8. 克服懒病的恶习

无论是对个人还是对一个民族而言，懒惰都是一种堕落的、具有毁灭性的东西。懒惰、懈怠从来没有在世界历史上留下好名声，也永远不会留下好名声。懒惰是一种精神腐蚀剂，因为懒惰，人们不愿意做举手之劳的事情；因为懒惰，人们不愿意去战胜那些完全可以战胜的困难。要想有出息，要想成为强者，必须克服懒惰的恶习。

有些人终日游手好闲、无所事事，无论做什么都舍不得花力气、下工夫，但他们的脑瓜子可不懒，他们总想不劳而获，总想占有别人的劳动成果，他们一天到晚都在盘算着去掠夺本属于他人的东西。正如肥沃的稻田不生长稻子就必然长满茂盛的杂草一样，那些好逸恶劳者的脑子中就长满了各种各样的“思想杂草”。

无论王公贵族还是普通市民都具有这个特点，人们总想尽力享受劳动成果，却不愿从事艰苦的劳动。懒惰、好逸恶劳这种本性是如此的根深蒂固、普遍存在，以至于人们为这种本性所驱使，往往不惜毁灭其他的民族，乃至整个社会。

懒惰是一种恶劣而卑鄙的精神重负。人们一旦背上了懒惰这个包袱，就只会整天怨天尤人，精神沮丧、无所事事，这种人完全是无用之人。那些生性懒惰的人不可能在社会生活中成为一个成功者，他们永远是失败者。成功只会光顾那些辛勤劳动的人们。

亚历山大征服波斯人之后，他目睹了这个民族的生活方式。亚历山大注意到，波斯人的生活十分腐朽，他们厌恶辛苦的劳动，却只想舒适地享受一切。亚历山大不禁感慨道：没有什么东西比懒惰和贪图享受更容易使一个民族奴颜婢膝的了，也没有什么比辛勤劳动的人们更高尚的了。

有个人周游世界各地，见识十分丰富。他对生活在不同地位、不同国家的人有相当深刻的了解，当有人问他不同民族的最大的共同性是什么，或者说最大的特点是什么时，他回答道："好逸恶劳乃是人类最大的特点。"

懒惰是一种毒药，它既毒害人们的肉体，也毒害人们的心灵，懒惰是万恶之源，是滋生邪恶的温床；懒惰是致命的罪孽之一，它是恶棍们的靠垫和枕头，懒惰是魔鬼们的灵魂……一个懒惰的人无法逃脱世人对他的鄙弃和惩罚。再也没有什么事情比懒惰更加不可救药的了，一个聪明然而却十分懒惰的人本身就是一种灾祸，这种人必然成为邪恶的走卒，是一切恶行的役使者，因为他们的心中已经没有劳动和勤劳的地位，所有的心灵空间必然都让恶魔占据了，这正如死水一潭的臭水坑中的各种寄生虫，各种肮脏的爬虫都疯狂地增长一样，各种邪恶的、肮脏的想法也在那些生性懒惰的人们的心中疯狂地生长，这种人的心思灵魂都被各种邪恶的思想腐蚀、毒化了。

所以，万万不可向懒惰和孤独、寂寞让步，必然切实地遵循这一原则，无论何时何地也不要违背这一原则，只有遵循这一原则，身心才有寄托和依归，人们才会得到幸福和快乐；违背了这一原则，就会跌入万劫不复的深渊。这是必然的结果、绝对的律令。

真正的幸福决不会光顾那些精神麻木、四体不勤的人们，幸福只在辛勤的劳动和晶莹的汗水中。懒惰，只有懒惰才会使人们精神沮丧、万念俱灰；勤奋，也只有勤奋才能创造生活、给人们带来幸福和欢乐。

勤奋是治疗人们身心病症的最好药物。没有什么比无所事事、空虚无聊更为有害的了。

那些游手好闲、不肯吃苦耐劳的人总是有各种漂亮的借口，他们不愿意好好地工作、劳动，却常常会想出各种主意和理由来为自己辩解。其实，一心想拥有某种东西，却害怕或不敢或不愿意付出相应的劳动，这是懦夫的表现。无论多么美好的东西，人们只有付出相应的劳动和汗水，才能懂得这美好的东西是多么的来之不易，因而更加珍惜它，人们才能从这种“拥有”中享受到快乐和幸福，这是一条万古不易的真理。即使是一份悠闲，如果不是通过自己的努力而得来的，这份悠闲也就并不甜美。不是用自己劳动和汗水换来的东西，你就没有为它付出代价，你就不配享用它。

无论一个人处在什么样的地位，他具有什么样的权力和身份，都必须或者说有义务去勤奋劳动。无论是穷人还是富人、达官显要还是普通市民，都必须各司其职、各尽其力、各尽所能，为社会做出自己的应尽的贡献。但有些人却偏偏会这样去做——白吃白喝一辈子，从来没有为社会做出自己的贡献。

懒惰、无所事事从来就不是一种荣耀，更不应该成为一种特权。尽管在这个社会上有许多卑鄙的小人极满足于白吃白喝，并以大肆挥霍、浪费为荣，但那些稍有头脑、有抱负、有良知的人们毫无疑问会鄙夷他们。这些堕落的贵族与他们自己享有的尊贵荣誉完全不相符合，他们早已成了行尸走肉，已经不具有良知和人性了。

年轻人最容易染上懒惰与拖延这种可怕的恶习，本来一件事明明已经考虑过、计划好了，甚至于决心已经下了，但却迟迟不见他的行动。而最常见的说法却是：“我也知道应尽早做好这件事，但不知怎么搞得这几天总是没情绪，也不在状态；再加上你也知道我的条件不好，看样子，这件事恐怕要黄了；现在肯定做不好了，唉！还是等以后再说吧！”于是，他便开始拖延，该做好的事情一点没做，无关紧要的事情却做了不少。

那些能够取得杰出成就的人，都能克服自己的懒惰情绪，尽早地投入自己要做的事情。比如，彼得大帝总是天一亮就起床，他说：“我要尽可能地使自己的生命延长，所以就尽可能地缩短睡觉的时间。”这样的例子真是不胜枚举。

一定要警惕那种使你不能按时完成工作的习惯，这里所指的就是懒惰和拖延的习惯。要做的工作马上去做，干完工作后再去娱乐，决不要在完成工作之前先去消遣。

懒惰和拖延是人性的一大弱点，它在生活中的力量不仅强大，而且令人讨厌。懒惰和拖延的习惯往往会阻碍人们做事，因为它们能足以消灭人们做事的热情和创造力，更为糟糕的是，它们有时还会造成悲惨的结局。比如有的人明知身体有病，却出于懒惰，拖延着不去就诊。因此造成的结果是，不仅他身体上要遭受病痛的折磨，也很可能因此造成病情的恶化，甚至转化为不治之症！

为人应该意志坚决地克服懒惰和拖延的恶习！

第十一章

宽容是人生的容器，决定人生的深度

海洋是宽广的，但宽不过天空，天空是广阔的，但终究超不出宽广的心灵。海纳百川，有容乃大。一切的壮丽都是由宽容而来的。宽容是人生的容器，盛装着各种各样的内容，要想不溢出，就必须有大的容量，才够得上宽广的人生。有许多事，只要去包容，去理解，去退让一步，就海阔天空，风平浪静了。有涵养的人生必须有宽容的伴随，只有用宽容的心胸去接纳世间的一切，人生才会壮观。

1. 心底无私天地宽

俗话说：宰相肚里能撑船。要想成就大事业，必须有大度量。严于律己，宽以待人，是待人接物的重要原则。

后赵王石勒召请武乡有声望的老友前往襄国，同他们一起欢聚饮酒。当初，石勒出身贫贱，与李阳是邻居，多次为争夺沤麻池而相互殴打。所以只有李阳一个人不敢来。石勒说："李阳是个壮士，争沤麻池一事，那是我当平民百姓时结下的怨恨。我现正在广纳天下人才，怎么能对一个普通百姓记仇呢？"于是急速传召李阳，同他一起饮酒，还拉着他的臂膀开玩笑说："我从前挨够了你的拳头，你也遭到了我的痛打。"随后任命李阳做参军都尉。

吕蒙正在宋太宗、宋真宗时三次任宰相。他不喜欢把人家的过失记在心里。他刚任宰相不久，上朝时，有一个官员在帘子后面指着他对别人说："这个无名小子也配当宰相吗？"吕蒙正假装没有听见，就走了过去。他的同事都为他愤愤不平，要求查问这个人的名字和担任什么官职，吕蒙正急忙阻止了他们。退朝以后，同事们心情还是平静不下来，后悔当时没有及时查问清楚。吕蒙正却对他们说："如果一旦知道了他的姓名那么一辈子就忘不掉。宁可不知道，不去查问他，这对我有什么损失呢？"当场的人都佩服他气量恢宏。

美国在打南北战争的时候，林肯总统的秘书是一个身材高大、体格健壮的年轻人。在那个办公事务机还没有发明的年代，像那样一个年轻的小伙子，也得拿着笔，一个字一个字地写公文。做这样的工作，让他觉得很不快乐，他希望能投笔从戎，走上战场，一展雄才。他期望的是驰骋沙场，为国效力，有必要的话，他甚至愿意牺牲生命，马革裹尸。所以他不断地向林肯总统抱怨，说自己所忙的工作是妇道人家做的事，他应该身披戎装，对抗敌人去。有一天，林肯听完了他惯常的抱怨后，摸着胡子，望着他说："小伙子，照我看来，你的确是想为国牺牲，但是你却不肯为生活而奉献。"

宽容的人才能团结多数，不为小过而斤斤计较，必定最后成就功业。

2. 宽容是心胸的大门

一个人经历一次宽容，就会打开一道爱的大门。

《寓圃杂记》中记述了杨翥的两件小事。杨的邻人丢失了一只鸡，指骂被姓杨的偷去了。家人告知杨翥，杨说："又不止我一家姓杨，随他骂去。"又一邻居每遇下雨天，便将自家院中的积水排放进杨翥家中，使杨家深受脏污潮湿之苦。家人告知杨翥，他却劝解家人："总是晴天干燥的时日多，落雨的日子少。"

久而久之，邻居们被杨翥的忍让所感动。有一年，一伙贼人密谋欲抢杨家的财宝，邻人们得知后，主动组织起来帮杨家守夜防贼，使杨家免去了这场灾祸。

宽容说起来简单，可做起来并不容易。因为任何宽容都是要付出代价的，甚至是痛苦的代价。谁都会常常碰到个人的利益受到他人有意或无意的侵害，于是，就要控制好自己的情绪，只要忍一忍，就能抵御急躁和鲁莽，控制冲动的行为。如果能像杨翥那样再寻找出一条平衡自己心理的理由，说服自己，那就能把忍让的痛苦化解，产生出宽容和大度来。

生活中有许多事当忍则忍，能让则让。宽容不是怯懦胆小，而是关怀体谅。宽容是给予，是奉献，是人生的一种智慧，是建立人与人之间良好关系的法宝。

在很多伟大人物身上都有宽容的美德，这种美德是他们能够被人尊敬的原因之一。不会生气的人是笨蛋，而不去生气的人才是聪明人。只有学会体谅、宽容，做一个品格高尚、善解人意的人才有可能成功。

宽容可以减少人与人之间的隔阂，可以让人们更好地沟通，彼此多一些体贴和关怀。同时，宽容也可以解决许多棘手的问题，让生活中的许多难题迎刃而解。

在开往费城的火车上，中途一个妇人上了车，走进一节车厢，坐在了座位上。这时候，走过来一位略显肥胖的男子，坐在她对面的座位上，点了一根香烟，她禁不住咳了几声。身子也挪来挪去。

可是，那个男子丝毫没有注意到她的暗示。最后，妇人终于忍不住开口说道："你多半是外国人吧？大概不知道这趟车有一节吸烟车厢？这里是不让抽烟的。"那个男子一声不吭，掐灭了香烟。

过了一会儿，列车员过来对老妇人说，这里是格兰特将军的私人车厢，请她离开。她听了大吃一惊，站起身往门口走。她看着将军一动不动的身影，心里有些慌张和害怕。而整个过程中，将军仍像刚才一样表现出了他的宽容大度，没有给她任何难堪，甚至没有取笑嘲弄她的神情。

将军在妇人面前表现出了自己的涵养，他并没有因为自己的地位高贵而轻视她，相反的，却顾及到了妇人的尊严让妇人备受感动，也让我们学到了做人的学问。

我们不妨试着多去谅解别人，而不再去批评他人，唯有如此，我们才会不受其弊，反得其利，这样也许能得到更多的成功机会呢！

当耶稣说"爱你的仇人"的时候，他也是在告诉我们怎样改进我们的外表。一些女人，她们的脸因为怨恨而有皱纹，因为悔恨而变了形，表情僵硬。不管怎样美容，对她们容貌的改进，也比不上让她心里充满了宽容、温柔和爱所能改进的一半。

怨恨的心理，甚至会毁了我们对食物的享受，《圣经》上面说："怀着爱心吃菜，也会比怀着怨恨吃牛肉好得多。"

即使我们不能爱我们的仇人，至少我们要爱我们自己：我们要使仇人不能控制我们的快乐、我们的健康和我们的外表。就如莎士比亚所说的："不要因为你的敌人而燃起一把怒火，热得烧伤你自己。"

我们也许不能像圣人般去爱我们的仇人，可是为了我们自己的健康和快乐，我们至少要原谅他们，忘记他们，这样做实在是很聪明的事。有人问艾森豪威尔将军的儿子约翰，他父亲会不会一直怀恨别人。"不会，"他回答，"我爸爸从来不浪费一分钟，去想那些不喜欢的人。"

要培养平安和快乐的心理，就永远不要试图去报复我们的仇人，因为如果我们那样做的话，我们会深深地伤害了自己。要像艾森豪威尔将军一样，不浪费一分钟的时间去想那些我们不喜欢的人。

在这一点上，每一个聪明的成功人士都会有所感悟，他们更懂得去调解自己的心理，因为他们知道，生别人的气，不但会伤害了自己，更会把时间耽误在这些乏味的事情上，这是很没有意义的，也会对自己的成功设置障碍。

有人曾经试着对成功者做了这样的分析，通过对他的职业进行长时间的仔细观察和研究之后，得出这样一个结论：他的成功至少有百分之二十应当归功于他在广交朋友方面的非凡能力。从他的童年时代起，他就致力于培养这方面的能力，他非常善于把人们吸引和聚集在他的身边，他的和善、宽容、大度甚至到了朋友们愿意为他做任何事情的地步。

当这个人开始进入社会开创自己的事业时，他在中学和大学期间所形成的友谊发挥了难以估量的作用。深厚的友情不仅为他打开了不同寻常的机会之门，而且也大大增加了他的知名度。

换句话说，由于宽容而赢得朋友，而又由于众多朋友的帮助，他的能力也扩大了许多倍。他似乎拥有一种神奇的力量，能够在做任何一件事时获得朋友们无私而热心的支持，朋友们好像总是全心全意地增进他的利益。

宽容是打开心门的钥匙，在人生的重要关头，宽容总是为我们赢得支持和爱心。宽容使人生道路多些平坦，少些障碍，宽容他人，却是为了成就自己。

3. 宽容才是过人之处

凡能成就一番大业的人必有过人之处，那就是，他们不仅有着超人的才能和智慧，更有着宽广的心胸和谦让的作风，并使这些成为他们迈向成功的最好策略。

大海是宽广的，做人也应该有大海一样的胸怀，可以纳百川之水，这是一种虚怀若谷的精神。面对你未来的人生之路，你要学会用宽以待人的习惯和品行来征服你的世界。

宽以待人是成功者的风度，这种风度不是装出来的，而是发自灵魂深处内在的修养，是一种良好的习惯，也是水到渠成的表露。一个人只有真正地放开胸襟，做到宽以待人，才能摘取成功之冠。

如果一个人的行为让人们不喜欢，那他就太危险了，因为他看似毫无关系的一些人却可能会在将来导致你自己成事不足、败事有余。那些与你共事的人，即使是你的下属，只要受了你的气，也都会跟你作对。与此相反，精于处世之道的人，即便你犯了严重的错误也会不伤大碍。有不少能力平庸的管理人员，都能安然地度过公司的人事大变动，原因就在于他们和别人交往时，能通情达理，讨人喜欢；一旦犯错，支持他们的人就会帮助他们弥补过失。事实上，犯了一次错误之后，如果上司觉得他们都以练达的态度来改正这些错误，说不定他们的事业反而会更上一层楼。

睚眦必报，是人品不好的表现，以牙还牙则是一种报复性行为。报复是心胸狭窄、气量太小的常规表现，同样算不得光彩和高尚。无论是使用暴力，还是制造阴谋，报复的结果大多是两败俱伤。而宽容，则可使你表现出良好的教养，同时也能引发别人的积极回应。懂得宽容别人，自己的性格就有了回旋的余地，就不容易发脾气、闹情绪，或当面与别人冲突起来。而不宽容待人则会给我们带来更大的伤害。生活中由于不能宽容别人，有时还为一点小事，甚至一句闲话就闹出人命的也大有人在。但是，一旦宽容别人之后，我们往往便会经历巨大的改变，就会从中体验到自己的富有和强大。当一个人能够宽容别人时，他也必然能够宽容自己。

宽容并不是说毫无原则的退让。对人性的坚守以及对尊严的捍卫都要求我们在适当的时候能硬起心肠来，如此宽容才是恰当的。

不论人们观点的错误性是多么的显而易见，如果从观点本身来看，他们是诚实加以对待的，那他们就是值得同情的，不应因此受到惩罚或遭到嘲笑。愚昧的见解，就如同双眼失明一般值得同情！要是一个人迷路了，那我们能说迷路是犯罪、是可笑的吗？宽容与仁慈心会要求我们尽自己所能地帮助那些误入歧途的人迷途重返、改邪归正，同时也防止我们讥笑他人的不幸。

一些人本来很愿意成为你的合作者和朋友，但如果你对他人的要求过于苛刻与挑剔的话，你就容易失去这些合作与交流的机会。一个具有宽容美德的人，能够对那些在意见、习惯和信仰方面与自己不同的人表示友好和接受。宽容最能够表现出一个人的耐心、明智与深谋远虑。

宽容可以表现出一个人高贵的品格，而怨恨就像是个危险的导火线，足可引爆人们心中浮夸的虚荣与自尊，甚至足可以置人于死地。天下最笨的人，也懂得批评、咒骂与抱怨他人，而大部分这么做的人，无论做什么事都是很难成功的。只有学会宽容，做一个品格高尚、胸怀宽阔的人才有可能成功。

当一个人狠狠地诅咒自己的敌人时，实际上无异于给了敌人以战胜自己的力量。这种力量可能会影响自己的睡眠、胃口、血压、健康以及快乐。如果仇敌们知道自己是如何地令这个人担心、苦恼的，他们肯定会兴高采烈地跳起舞来。这种怨恨不仅无法伤害到对方，反而使自己的生活变得像地狱一般。

要想成就一番事业，就要养成宽以待人的处世习惯。一个人如果总是以敌视的眼光看人，心胸狭窄、处处提防，无论对谁都戒备森严，不能宽大为怀，那么他必然会因孤独而陷于忧郁和痛苦之中。一个宽宏大量、与人为善，能主动为他人着想，积极地关心和帮助他人的人，肯定更能讨人喜欢、被人接纳、受人尊重，从而更具魅力，也能更多地体验到成功的喜悦。

4. 宽容有益

四川青城山有一副很有名的对联是这样写的：“事在人为，休言万般皆是命；境由心造，退后一步自然宽。”自古以来，宽厚的品德、宽容的心态就为世人所称颂，心胸狭窄被认为是一种病态。

唐朝狄仁杰非常看不起娄师德，但实际上娄师德并不计较这些，推荐狄仁杰当宰相。还是武则天捅开了这层窗户纸，有一次武则天问狄仁杰说：“娄师德贤能吗？”狄仁杰回答说：“作为将领只要能够守住边疆，贤能不贤能我不知道。”武则天又说：“娄师德能够知人善任吗？”狄仁杰回答：“我曾经与他共事，没有听到他能够了解人。”武则天说：“我任用你就是娄师德推荐的。”狄仁杰出去以后非常惭愧，尽管自己经常对他嗤之以鼻，但是娄师德却仍然能以宽厚、公平的心来对待自己，他深深地感叹：“娄公德行高尚，我已经享受他德行的好处很久了。”

所谓宽容的心态就是以宽阔的胸怀和包容的心态，去面对人和事。宽容本身包含着谦逊。古人说，满招损，谦受益。一个人如果不能虚怀若谷，就不能有效地吸纳有益于自身发展的精神食粮，只有具备海纳百川，有容乃大的心态，我们才能学习他人的长处，弥补自己的短处，充实、拓展、成就自我。宽容不仅是一种与人和谐相处的素质，一种时代崇尚的品德，更是吸纳他人长处充实自我价值的良好思维品质，“宰相肚里能撑船”，既然要做一个能位于一人之下，万人之上的人，必须具备一个基础，那就是有一颗和常人不一样的宽容之心。一个人要想成功，只有处处多为别人着想，将心比心，设身处地，宽容别人，这样才会得到更多的人理解和支持，梦想才会更容易实现。在现代社会中试想一下，在谈判桌上，每一方都互不相让，无法宽容对方，都想赢得更多的利益和实惠，结果往往会造成僵持、不欢而散的局面。针对一个与你观点不一致，或者你认为是与你唱反调，不配合你的人，哪怕他即使是一位“作恶多端”的人，只要你对他拥有一颗宽容善待的心，若能加以正确引导和启发，则往往会使他转向为“始是敌人，终是朋友”的立场，说不定还会成为你成功道路上的知心朋友和伙伴。因为你应该明白：一味敌视别人或不能原谅别人，实际上你是在不原谅自己，在给你自己制造烦恼，伤害了别人，同样也伤害了自己。

拥有宽容的心态无疑也是维系一个家庭和谐生存的重要砝码，法国作家泰斯在谈及家庭生活时说：“互相研究了三周，相爱了三个月，争吵了三年，彼此忍让了三十年，然后轮到孩子们来重复同样的事，这就是婚姻。”如果一个家庭没有宽容，天天争斗，这个家庭无论如何也难以维持下去。

家庭如此，社会现实更是如此。世界上的人和事，各有各的妙用，任何事物都可以活用，都可以协调。俗话说：人上一百，形形色色；树林子一大，什么鸟都有。彼此的和谐生活就需要彼此都拥有宽容的心态，坚持自己的个性，也承认他人的脾气。面对千差万别的现实世界，宽容是我们现代人适应时代社会的必备素质，是我们的必然选择。对于所谓的异己，在不涉及大是大非的前提下，不是打击、贬抑、排斥就是置之死地而后快，你没有那般本事，只有徒添烦恼；应当学会宽宥、包容、赞美和与其和谐相处，只要你生存在这个世上，你就没有办法逃避如何对待异己的问题。宽容心态的培养，主要在于把自己看做是一个平凡的人，把自己看做是广阔社会中的一分子，想到能与他人相处共事是一种幸福的缘分，尽力消除以自我为中心的心理倾向，对世界心存感激，念及他人的优点和好处，你的宽容心的波长和别人的波长就会一致。只有通过这种心的“电波交流”，你才能和别人交换信息和意见，并化敌为友，增添你人生中很多的朋友和伙伴。你的宽容，你的爱，这种人生感情只要肯付出给别人，终究会回报自己。宽容别人，实际上是为了得到别人对你更多的宽容。

5. 心宽才能成事

宽容做人，宽容做事，凡事宽让一步，以大局为重，这样做不是说懦弱，而是审时度势，人无完人，势无常势，一切都在变，唯有宽容能成害为利。

廉颇是战国时候赵国的大将军，有攻城野战之大功。他功勋卓越，战绩辉煌，成为当时权倾朝野、名扬天下的名将之一。而蔺相如呢？则是布衣舍人出身，大智大勇，多次在赵国危难之际力挽狂澜，赢得了赵王的青睐。此时，廉颇便居功自傲起来，以为蔺相如以区区口舌之劳而位居相位，实在是令人不服。于是，经常做出一副不屑的姿态和脸色故意让蔺相如看。而蔺相如却极力回避，不与廉颇发生争执，虽廉颇视他为敌人，而他则退让之，以国家大事为重，个人私利小事为次之。僵持了很长一段时期，后来还是廉颇主动认错了。廉颇听蔺相如的舍人说他不愿与廉将军争执的主要原因是为了一个共同的利益——那就是赵国的大局，一旦两人窝里斗，岂不给强秦制造了一个消灭赵国的大好时机？于是，坦率的廉将军便身负荆条，主动去蔺相如府上请罪。两人化干戈为玉帛，成为志同道合的朋友，为赵国抵抗秦国的侵略做出了卓著的贡献。这一故事使人们明白了化敌为友的重要性。

敌人和朋友有什么区别呢？其实，很难说清楚：也许人们为了利益之争会结成各种各样的集团、组织和阶层、阶级，他们为了共同的利益或目标走到一起，又行动一致、思想大致相当，因此成了朋友。而敌人呢？可能是有些与自己格格不入的地方，也可能是具有无法避免的冲突对象，这样朋友与敌人的关系便交织在一起，构成了个人在人际关系中的核心。你的父母、妻子、子女肯定会成为你最好的朋友，而你的竞争者则大多数会成为你的敌人。但是这只是我们以一种静态的眼光来看问题，实际上这种关系是不断调整，随时都可能有变化的迹象。正如英国著名的外交家托马斯·潘所说："我们没有永恒的敌人，我们也没有永恒的利益，我们所有的是共同的利益，一种与英联邦一致的共同利益。"可见，敌人与朋友，只是相对而言的，也只是暂时的，并非永恒不变的，那种幻想拥有永远的朋友和怀有永久的仇恨者，是超现实的，是无法做到的。

任何社会都不可能只存在一种共同的大利益，相反却是被分割成了无数小块个人利益、集团利益。于是，形形色色的个人、个人组织、团队、集团、阶层、阶级充斥了社会的各个地方和角落。为了谋取集团、阶层的最大利益，他们拼命地合抱起来，结成朋友关系以对付别的集团、组织。一旦他们获取了利益，便往往有一批人要分离出去，去寻找更符合自己的利益集团，历史上的新兴利益集团的形成便是很好的明证，于是，这种动性很强的朋友关系便说明了利益之争是各种关系的根源。而敌人呢？则完全可能成为朋友。

前些年，某市周围有几家较大规模的化纤工厂，为了争市场，明争暗斗，尔虞我诈，因此，各个公司都为此而力不从心，望“洋”兴叹。后来，随着国际经济发展的大趋势，产业化、专业化、国际化不断发展，加上跨国公司的蜂拥而入，给这几个公司的领导人当头一棒，他们才清醒地意识到，原来真正的敌人是来自海外的“狼”，于是，几家公司马上调头，目标一致对外，组成了一个规模宏大的产业集团。为了一个共同的利益，他们还是化干戈为玉帛，成为患难与共的朋友了。

因此，一个人要想取得事业上的成功，光靠自己的力量是不行的，光靠朋友的力量也是不够的，只有将那些过去与你是竞争对手的人，纳入到共同利益里，以壮大力量去夺取更大的胜利。朋友和敌人，从来都不是绝对和永恒的，只要有共同的利益、共同的目标，甚至是同病相怜，都可以结成朋友，而结成朋友的根本目的，就是壮大自己的力量，以便在社会的奋斗和交往中做到游刃有余，左右逢源，为自己、为他人创造更多的物质财富和更多的机会。敌人，有时候也是我们的错觉所致，或是我们由于目光短浅、孤陋寡闻所致，使他在心理上印上了你是敌人的强烈印象，而你一旦想改变这种先入为主的第一印象，却是难上加难。所以，这一切全靠你的勇气和非凡的远见与卓识，与朋友团结，与敌人握手。

在日常的工作和生活中，在社会纷繁芜杂的人际关系中，你不妨去冷静地观察，努力寻找你的朋友和能够成为朋友的敌人。或许，你是位个人主义很强的人，很重视自己的独立、自主、自我奋斗，或许你是位理想主义者，视而不见世间敌人的阴险与毒辣，而将这世界想象成如何美好与安静。但是现实毕竟是现实，而且是不以你的意志为转移的，现实的残酷总有一天会击碎你那理想主义的光环，使你认识到集团力量的强大和个人力量之单薄。总之，冷眼向洋看世界，笑对人生得与失，也不失为一种宠辱不惊、春风得意的心境！

6. 宽容的人着眼未来

宽容待人，着眼未来，把精力放在做大事上；不念旧恶，注重现在，把洒脱用于做人上。

古人云："人之有德于我也，不可忘也；吾有德于人也，不可不忘也。"这句话的意思是：别人对我们的帮助，千万不可忘了，反之，我们对人有恩德的地方，别人倘若有愧对我们的地方，应该乐于忘记。

乐于忘记是一种心理平衡。老是"念念不忘"别人的"坏处"，实际上最受其害的就是自己的心灵，搞得自己痛苦不堪，何必呢？这种人，轻则自我折磨，重则就可能导致产生疯狂的报复了。

乐于忘记是成大事者的一个特征。只有既往不咎的人，才可甩掉沉重的包袱，大踏步地前进。人要有点"不念旧恶"的精神，况且在人和人之间，在许多情况下，人们所认为"恶"的，又未必就真的是什么"恶"。退一步说，即使是"恶"吧，对方心存歉疚，诚惶诚恐，你不念旧恶，以礼相待，他说不定也能改"恶"从善，发展成为皆大欢喜的局面。

唐朝的李靖，曾任隋炀帝的郡丞，最早发现李渊有图谋天下之意，亲自向隋炀帝检举揭发。李渊灭隋后要杀李靖，李世民反对报复，再三请求保他一命。后来，李靖驰骋疆场，征战不疲，安邦定国，为唐朝立下赫赫战功。魏征曾鼓动太子李建成杀掉李世民，李世民同样不计旧怨，量才重用使魏征觉得“喜逢知己之主，竭其力用”，也为唐王朝建立了丰功伟绩。

唐德宗时的宰相陆贽，有职有权时，曾偏听偏信，认为太常博士李吉甫结党营私，便把他贬到地方做长史，不久，陆贽被罢相，贬到明州附近的忠州当别驾，后任的宰相明知李、陆有点私怨，便玩弄权术，特意提拔李吉甫为忠州刺史，让他去当陆贽的顶头上司，意在借刀杀人。不想李吉甫非但不记旧怨，上任伊始，还特意与陆贽饮酒结欢，使那位现任宰相借刀杀人之阴谋成了泡影。对此，陆贽深受感动，便积极出点子，协助李吉甫把州县治理得一天比一天好。李吉甫不图报复，宽待了别人，也帮助了自己。

宋代的王安石对苏东坡的态度，应当说也是有那么一点“恶”行的：他当宰相那阵子，因为苏东坡与他政见不同，便借故将苏东坡降职，贬官到了黄州，搞得苏东坡好不凄惨。然而，苏东坡胸怀大度，根本不把这事放在心上，更不念旧恶，王安石从宰相位子上垮台后，两人关系反倒好了起来，他不断写信给隐居金陵的王安石，或叙友情，互相勉励，或讨论学问，俩人谈得十分投机。

做人最难得的就是将心比心，谁没有过错呢？当我们有对不起别人的地方时，是多么渴望得到对方的谅解啊！

古人古事，脍炙人口。以古为镜，可以净心灵，辨是非，明事理。

7. 宽容旧恶，赢得新交

不念旧恶，原谅别人，是对待仇怨的最好方式。这样做不但可以化解仇恨，而且还赢得别人的心。做人做事，心胸要开阔，海纳百川，靠一颗宽容的心！

宽恕你的敌人，做人要心胸开阔；宽恕你的敌人，多个朋友少个障碍。

说起仇敌很多人都磨刀霍霍，恨之入骨，对手使你不安，敌人使你愤恨，你总想能够给对手以报复而后快，可是，报复给自己造成的伤害比伤到仇人还要多。

对仇人的报复心理使你内心窝着一股愤怒和怨气，使你说些愤怒不止的话，你的内心长期充满怒气。报复充斥身体，内心和身体也便缺乏对理想的执著与追求，事业成功将会遥遥无期。

“既生瑜，何生亮？”雄姿英发的周公瑾为他的对手孔明所气，大叫一声，吐血而死，只留下一个诸葛亮吊孝的假哭戏。仇视何益？愤怒何用？徒伤自己而令敌人称快而已。

“为你的仇敌而怒火中烧，烧伤的是你自己”，因此，《圣经》里耶稣在鼓励人们“爱你的仇人”“爱你们的仇敌，善待恨你们的人；诅咒你的，要为他祝福；凌辱你的，要为他祷告。”

有一位虔诚的基督教徒就是这样做的，获得了内心的平静与恬淡。“别人强加于我的不公都是想让我愤怒，我为什么要破坏主给我的平静？所以，主告诉我，平淡地对待仇恨和不公，心灵会升上天堂。”因此，他的脸上，时刻能够看到安然和平静，恬淡安详、美好纯正。

少用仇视的态度对待对方，能够缓和你与对手的关系，从而建立互相尊重的友谊。

有一位能在肉丁里挑刺的人，他从来不知道严于律己、宽以待人，每个人都好像不如他，与他共事的人似乎都曾受过他的指责和打击。所以与他共住一室，经历了他的几番“严责”的人总有一种怨恨的感觉，心里都曾有一种报复他的想法，其实，从他身上挑出缺点易如反掌，但是其他人并没有那样做。

一位和他共事的人约他喝酒。几杯下肚后，那人衷心地向他表示感谢："你给我的指责，我曾经十分愤怒，因为你的指责总是太尖锐，我也曾为此想报复你，但冷静一分析，你之所以指责我，说明我肯定有着这方面的缺陷和不足，你使我看到了自身需要改进的一面，我自己也真正感受到，我们相处这一年里，我确实长进了不少，由此我觉得不应该恨你，而应该感谢与你的共处！"

他当然有些不好意思了，而他昔日敌人由衷的话语也明确表达了会逐渐原谅他的指责的心态。于是，他们重新建立起互相尊重的友谊。

拿美国总统竞选来说，对手之间相互攻讦，甚至败坏对手的名声，但一些人仍可在对手所组内阁中担任重要职务，对做人处事不能不说是一种启发。能够与你成为对手的人，必定有着与你能够分庭抗礼的能力和实力，你能原谅你的仇人，将你的仇人招至麾下，为你效力，不是会更利于实现你的目标吗?

由林肯委责而居于高位的人，很多都是曾批评或者羞辱过他的政治对手，林肯由此统一了美国。

如果你用报复和仇视对待对手，你将使你的敌手更坚定地站在你的对立面，去阻挠、破坏你的行动，破坏你创造的一切成果。而你，也会因为心中充斥报复的愤怒无暇他顾，你的理想和目标又如何能实现呢?

"如果有可能的话，不应该对任何人有怨恨的心理。"德国哲学家叔本华也如是说。

为了保持一个健康的心灵和体魄，为了实现你的理想和抱负，学会原谅你的仇人吧！

8. 宽容改变世界

对于仇恨，每个人都有自己的感受。我们如何对待它呢？只有宽容，宽容使自己的仇恨的心得到解脱，使自己的内心放晴，使世界得以改变。

美国曾经举办过一个科学展，展览的项目非常多，也非常精彩，都是一些如何将高科技应用在日常生活中的成果。

可是让人印象最深刻的，还是这次展览的主题："宽恕与原谅——人类进步的动力"。

"宽恕与科学有何关联？"很多人都会产生这样的疑问，主办单位对人们的疑问做出了解释，他们列举了许多因宽恕而促进科学进步的例子，譬如二次世界大战后，英国人原谅了发明飞弹炸死英国人的德国火箭专家，使得火箭技术的研发不致中断，人类后来才能登上月球等等。

这种回答实在让人感触很深，因为我们很多人，不断浪费许多精力去想别人对我们不好的地方，总是把别人对不起我们的地方记得格外清楚，严重时甚至会心怀怨恨。但这次参观给人们重新上了一课，如果原谅，你会让自己更快乐，原谅甚至还会推动社会的进步。保持一颗宽容的心，永远不对敌人心存报复。

1944年冬天，是德国快要战败、战争即将结束的日子了，已经饱受战争创伤的莫斯科这时非常的寒冷，苏联俘虏了一批大约两万人的德国战俘，排成纵队，从莫斯科大街上依次穿过。

这个时候，天空中飘飞着大片大片的雪花，气温很低，但所有的马路两边，依然挤满了围观的人群。大批苏军士兵和治安警察，在战俘和围观者之间划出了一道警戒线，用以防止德军战俘遭到围观群众愤怒的袭击。

这些老少不等的围观者大部分是妇女，她们来自莫斯科及其周围乡村。她们之中每一个人的亲人，或是父亲，或是丈夫，或是兄弟，或是儿子，都在德军所发动的侵略战争中丧生。她们都是战争最直接的受害者，都对悍然入侵的德国军人怀着满腔的刻骨仇恨。

当大队的德军俘虏出现在妇女们的眼前时，她们全都攥紧了愤怒的拳头。呼啸的人群前突后拥，她们希望挤上前去，哪怕只是靠近一点点，要不是有苏军士兵和警察在前面竭力阻拦，她们早就冲上去了，她们渴望把这些杀害自己亲人的刽子手撕成碎片。

这些德国俘虏们都低垂着头，胆战心惊地从围观群众的面前缓缓走过。这些俘虏中还有很年轻的军人，也许只有十六七岁吧，他们的脸上满是恐惧无助，在愤怒的人群中穿行，随时都有被仇恨吞噬的危险，他们从内心深处感受到了这种危机。

这个时候，突然，一位上了年纪、穿着破旧的妇女走出了围观的人群。她平静地到一位警察面前，请求警察允许她走进警戒线去好好地看看这些俘虏。警察看她满脸慈祥，觉得她应该没有什么恶意，便答应了她的请求。于是，她走过警戒线，来到了俘虏们的身边，颤巍巍地从怀里掏出了一个印花布包，打开一层一层的布，里面是一块黝黑的面包。她不好意思地将这块黝黑的面包，硬塞到了一个疲惫不堪、拄着双拐艰难挪动的年轻俘虏的衣袋里，嘴里还说着："只有这么一点了，真不好意思，你凑合着，吃点吧。"年轻俘虏怔怔地看着面前的这位妇女，刹那间已泪流满面。他扔掉了双拐，"扑通"一声跪倒在地上，给面前这位善良的妇女，重重地磕了几个响头。其他战俘受到感染，也接二连三地跪了下来，拼命地向围观的妇女磕头。

于是，整个人群中愤怒的气氛一下子改变了。妇女们都被眼前的一幕所深深感动，纷纷从四面八方涌向俘虏，把面包、香烟等东西塞给了这些曾经是敌人的战俘。

1991年11月1日，发生了一起震惊世界的惨案，那是一件让所有中国人都对世界怀有羞愧的事件，一位名叫卢刚的中国留学生，在他刚获得美国爱达荷大学太空物理博士学位的时候，开枪射杀了这所学校的三位教授、一位和他同时获得博士学位的中国留学生，而碰巧在现场的这所学校的副校长安·柯莱瑞也倒在了血泊中，因为枪伤过于严重，不治身亡。

1991年11月4日，爱荷华大学的全体师生停课一天，在这一天，大家为校长举行了葬礼。在葬礼上，身为安·柯莱瑞的好友的德沃·保罗神父在对她的一生作回顾追思时说："假若今天是我们的愤怒和仇恨笼罩的日子，安·柯莱瑞将是第一个责备我们的人。"也是在这一天，安·柯莱瑞的三位兄弟举行了一场记者招待会，他们以她的名义捐出一笔资金，宣布成立安·柯莱瑞博士国际学生心理学奖学金基金会，用以安慰和促进外国学生的心智健康，减少人类悲剧的发生。

她的兄弟们还在无比悲痛之时，邮寄了一封信给卢刚的家人。这封信包含了伟大的宽容精神和一种伟大的爱。

柯莱瑞家人致卢刚家人的信：

1991.11.4

致卢刚的爱人：

我们经历了突发的巨痛，我们在姐姐一生中最光辉的时候失去了她。我们以姐姐为荣，她有很大的影响，受到每一个接触她的人的尊敬和热爱——她的家庭、邻居，她遍及各国学术界的同事、学生和亲属。我们一家从很远的地方来到这里，不但和姐姐的许多朋友一同承担悲痛，也一起分享姐姐在世时所留下的美好回忆。

当我们在悲伤和回忆中相聚一起的时候，也想到了你们一家人，并为你们着急。因为这个周末你们肯定是十分悲痛和震惊的。

姐姐安最相信爱和宽恕，我们在你们悲痛时写这封信，为的是要分担你们的悲伤，也盼你们和我们一起祈祷彼此相爱，在这痛苦的时候，安是会希望我们大家的心都充满同情、宽容和爱的。我们知道，在此时比我们更感悲痛的，只有你们一家。请你们理解，我们愿和你们共同承受这悲伤，这样，我们就能一起从中得到安慰和支持。安也会这样希望的。

诚挚的安·柯莱瑞博士的兄弟们

弗兰克／麦克／保罗·柯莱瑞

学会宽恕别人，就是学会善待自己，仇恨只能永远让我们的心灵生活在黑暗之中。而宽恕，却能让我们的心灵获得自由，获得解放。宽恕别人，可以让生活更轻松愉快。宽恕别人，可以让我们有更多的朋友。宽恕别人，就是解放自己，还心灵一份纯净。

当我们对人心怀仇恨时，就是给对方更大的力量来打击我们，给他们破坏我们的睡眠、胃口、健康与心情的机会。如果我们的敌人知道，他竟带给我们这么大的烦恼，他一定高兴死了！毕竟，憎恨伤不了对方一根汗毛，却会把自己的日子变成炼狱。

多个朋友比多个敌人要好，忘记其他人对你的不好，告诉自己只记得他人的好，当你成为宽厚大度的人时，你的朋友就会越来越多。

一部名为《商道》的韩国电视连续剧，它是根据韩国文学家崔仁浩同名小说改编的，剧中展现“天下第一商”韩国商界精神领袖林尚沃的商场传奇，提出了“商道即人道”的为商之道。

SOHO中国有限公司董事长潘石屹说：我认为商道即佛道，看完《商道》以后，对做生意的人有这样的体会，想跟大家谈一谈：林尚沃上了寺庙，有个大师叫云崇，他说再别到这个寺院里浪费斋饭，赶紧下山去吧，商界就是佛道，你现在心里面有个仇恨的剑，从你的目光、身体表情来说是这样，如果说人的心里面仇恨，就不能平静，所以你要丢掉仇恨这把剑，就可以在到商界寻找到千万把救人的剑。我觉得作为一个生意人，让自己保持很清净的情绪，不要对你的竞争对手、不要对周围的人有仇恨，要超脱一些，一定要丢弃仇恨的剑，掌握救人的剑，你的事情才能做好。

爱因斯坦在临死的时候写了一篇文章《自画像》，里面说了一段话，前后有200字，跟《商道》的道理是一样的：“我所有做的事情都是发自我内心的事情，就是这样做，到我这一辈子快结束的时候，得到了很多的赞赏和奖励，这些东西让我心里面非常不安，可是在我这一生中，有好多的人设下了仇恨的剑，可是他对我没有任何伤害，因为他们跟我不在一个世界里。”

林尚沃的故事，对我们的启发很大，他说要做好生意，最重要的不是积累金钱，积累金钱是没用的，最关键的是要积累信誉、积累人心，如果你真正拥有了人心，就有了钱。

当你满怀着深切的爱之时，你将畅通无阻、让仇恨的天空放晴，给自己以爱的阳光，你的世界可以变得更美好。

第十二章

坚持——绝不放弃最后的希望

古人云：行百里者半九十。又云：为山九仞，功亏一篑。在做人、做事的过程中，有时往往一小步退让和怯懦就会导致满盘皆输，功败垂成。坚持是人生的重要的品质和难得的良好习惯，困难面前，要坚持到底，往往坚持一下，情况就会大不一样。生命本身也是一种坚持，上帝可以辜负希望，但绝不会辜负生命的坚持！坚持到底，人生才美丽。

1. 绝不放弃，上帝不会辜负生命的坚持

大家都在同一个起跑线上，最后成功的人，到达目的地的人却不多。这是因为他们的耐力不够，没有全力以赴，坚持到最后。

哥伦布还在求学的时候，偶然读到一本毕达哥拉斯的著作，知道地球是圆的，他就牢记在脑子里。经过很长时间的思考和研究后，他大胆地提出，如果地球真是圆的，他便可以经过极短的路而到达印度。

许多有常识的大学教授和哲学家们都取笑他的想法。因为，他想向西方行驶而达东方的印度，岂不是傻人说梦话吗?

他们告诉他：地球不是圆的，而是平的，然后又警告道，你要是一直向西航行，你的船将驶到地球的边缘而掉下去……这不是等于走上自杀之途吗?

然而，哥伦布对这个问题很有自信，只可惜他家境贫寒，没有钱让他实现这个冒险的理想，他想从别人那儿得到一点钱，助他成功，但一连空等17年，还是失望，所以他决定不再向这个“理想”努力了。

因为使他忧虑和失望的事太多了，竟使他的红头发完全变白了——当时他还不到50岁。灰心的哥伦布，这时只想进西班牙的修道院，去度过后半生。正在这时候，罗马教皇却怂恿西班牙皇后伊莎贝露帮助哥伦布。教皇先送给哥伦布65元，算是路费。但他自觉衣服过于褴褛，便用这些钱买了一套新装和一匹驴子，然后启程去见伊莎贝露，沿途穷得竟以乞讨糊口。

皇后赞赏他的理想，并答应赐给他船只，让他去从事这项冒险的活动。

困难的是，水手们都怕死，没人愿意跟随他去，于是哥伦布鼓起勇气跑到海滨，捉住了几位水手，先向他们哀求，接着是劝告，最后用恫吓手段逼迫他们去。

另一方面他又请求女皇释放了狱中的死囚，答应这些死囚如果冒险成功，就免罪恢复他们自由。一切准备妥当，1492年8月，哥伦布率领三艘帆船，开始了一次划时代的航行。

航行没几天，就有两艘船坏了，接着剩下的一艘船又在几百平方公里的海藻中陷入了进退两难的险境。哥伦布亲自拨开海藻，才使船得以继续航行。

在浩瀚无垠的大西洋中航行了六七十天，也不见大陆的踪影，水手们都失望了，他们要求返航，否则就要把哥伦布杀死。哥伦布用鼓励和强压手法，总算说服了船员。

天无绝人之路，在继续前进中，哥伦布忽然看见有一群飞鸟向西南方向飞去，他立即命令改变航向，紧跟这群飞鸟。因为他知道海鸟总是飞向有食物和适应它们生活的地方，所以他预料到附近可能有陆地。果然哥伦布很快发现了美洲新大陆。

当他们返回欧洲报喜的时候，又遇上了四天四夜的大风暴。船只面临沉没的危险。在十分危急的时候，哥伦布想到的是如何使世界知道他的新发现，于是，他将航行中所见到的一切写在羊皮纸上，用蜡布密封后放在桶内，准备在船毁人亡后，使自己的发现能够留在人间。哥伦布他们总算很幸运，终于脱离危险，胜利返航了。

哥伦布如果没有不怕困难、不怕牺牲、勇往直前的进取精神，没有坚持到底的决心，“新大陆”能被他发现吗?

哥伦布的探险成功了，可惜哥伦布甚至不知道自己发现的是美洲新大陆，他还以为，自己只不过是发现了一条到达印度的新航路而已，所以把美洲红皮肤的土人，也称呼为“印度人”，他那种无畏、勇敢和百折不回的精神，是值得我们学习的。

2. 再来一次，不要轻言放弃

在困境中坚持不懈、绝不放弃是成功的关键之一。成功，在于不轻言放弃，在于坚持下去，再来一次。

坚持的力量是一种即使面临失败、挫折仍然继续努力的能力。正确对待逆境的人，能从失败中恢复并继续坚持前进，而当遇到逆境时不能正确对待的人则常常会轻易放弃。

克尔曾经是一家报社的职员，他刚到报社当广告业务员时对自己充满了信心。他甚至向经理提出不要薪水，只按广告费抽取佣金。经理答应了他的请求开始工作后，他列出一份名单，准备去拜访一些特别重要的客户，公司其他业务员都认为想要争取这些客户简直是天方夜谭。在拜访这些客户前，克尔把自己关在屋里，站在镜子前，把名单上的客户念了10遍，然后对自己说：“在本月之前，他们将向我购买广告版面。”

之后，他怀着坚定的信心去拜访客户。第一天，他以自己的努力和智慧与20个“不可能的”客户中的3个谈成了交易；在第一个月的其余几天，他又成交了两笔交易；到第一个月的月底，20个客户只有一个还不买他的广告。

尽管取得了令人意想不到的成绩，但克尔依然锲而不舍，坚持要把最后一个客户也争取过来。第二个月，克尔没有去发掘新客户，每天早晨，那个拒绝买他广告的客户的商店一开门，他就进去劝说这个商人做广告。

而每天早晨，这位商人都回答说："不！"每一次克尔都假装没听到，然后继续前去拜访。到那个月的最后一天，对克尔已经连着说了30天"不"的商人口气缓和了些："你已经浪费了一个月的时间来请求我买你的广告了，我现在想知道的是，你为何要坚持这样做。"

克尔说："我并没有浪费时间，我在上学，而你就是我的老师，我一直在训练自己在逆境中的坚持精神。"那位商人点点头，接着克尔的话说："我也要向你承认，我也等于在上学，而你就是我的老师。你已经教会了我坚持到底这一课，对我来说，这比金钱更有价值，为了向你表示我的感激，我要买你的一个广告版面。当做我付给你的学费，"

克尔完全凭着自己在挫折中的坚持精神达到了目标，在生活和事业中，我们往往因为缺少这种精神而和成功失之交臂。

有时在半梦半醒之间，常常会觉得自己被压迫得快要喘不过气来了。你没办法翻身，也动弹不得。但是在你的潜意识中，必须控制自己的肌肉筋骨才能摆脱困境。借助意志力的不懈努力，终于可以挪动一个手指了。之后，如果继续挪动你的手指，就可以控制整个手臂肌肉并把手抬起来了。然后你用同样的方法控制了另一只手臂、另一条腿的肌肉，逐渐延展到全身。于是，意志力重新让你回到了对肌肉系统的控制，使你从梦中迅速恢复过来。

我们很容易从梦境中挣扎出来，但是却无法一下子从人生的困境中解脱出来。实际上，让自己从软弱无力的精神状态中慢慢起步，渐渐加速，直到完全控制自己的意志，与梦醒的过程极其相似。

意志力坚强的人懂得培养自己的恒心和毅力，并将它变成一种习惯，无论遭受多少挫折，仍坚持朝成功的顶端迈进，直至抵达为止。

经得起考验的成功者常常以其恒心耐力获酬甚丰。作为吃苦耐劳坚韧不拔的补偿，不论他们所追求的是什么目的，都能如愿以偿、获得成功，他们还将得到比物质报酬更重要的经验："每一次失败都伴随着一颗同等利益的成功种子。"

成功者和失败者之间，他们的年龄、能力、社会背景、国籍等各个方面都很可能相同，但是有一个例外，那就是对遭遇挫折的反应不同。一些人跌倒时，往往无法爬起来，他们甚至会跪在地上，以免再次遭受打击；另一些人的反应则完全不同，他们被打倒时，会立即反弹起来，并充分吸取失败的经验，继续往前冲刺。失败者的忧虑及挫败感使精神难以集中，绝望的心情也可能会使他们放弃及逃避奋斗，不能在奋斗中体验满足，所以缺乏克服困难的持久力。成功者却能从面对挑战中获得满足感，所以更能自发持久地面对困难。

生命里程中永远存在着障碍，不会因为你的忽视而消失，当你因为某件事而受到挫折时，不妨想想爱迪生在给整个世界带来光明前，那一万次的失败。爱迪生的坚韧不拔在于他知道有价值的事物是不会轻易取得的，如果真的那么简单，那么人人皆可做到。正是因为他能坚持到一般人认为早该放弃的时候，才会发明出许多当时的科学家想都不敢想的东西。

英国前首相丘吉尔不仅是一名杰出的政治家，而且是一个著名的演讲家，十分推崇面对逆境坚持不懈的精神。他生命中的最后一次演讲是在一所大学的结业典礼上，演讲的全过程只持续了两分钟，他只说了一句话，那就是：“决不、决不、决不放弃！”

这场演讲是成功学演讲史上的经典之作。丘吉尔用他一生的成功经验告诉人们：成功根本没有什么秘诀可言，如果真是有的话，就是两个：第一个就是坚持到底，永不放弃；第二个就是当你想放弃的时候，回过头来看看第一个秘诀：坚持到底，永不放弃。

敏锐的洞察力、果断的行动和坚持的毅力是成功的必备要素。你可能有敏锐的目光去发现了机遇，同时也能用果断的行动去抓住机遇，但是最后还要需要用你坚持的毅力才能把机遇变成真正的成功。

人生有两杯必喝之水，一杯是苦水，一杯是甜水，没有人能回避得了。区别不过是不同的人喝甜水和喝苦水的顺序不同，成功者往往先喝苦水，再喝甜水，而一般人都是先喝甜水，再喝苦水。在成功过程中坚持的毅力非常重要，面对挫折时，要告诉自己：坚持，再来一次！因为这一次失败已经过去，下次才是成功的开始。人生的过程都是一样的，跌倒了，爬起来。只是成功者爬起来的次数要比跌倒的次数多一次，而平庸者却是跌倒的次数比爬起来的次数多了一次。最后一次爬起来的人才会获得胜利，最后一次爬不起来或者不愿爬起来，丧失坚持的毅力的人就是失败者。

缺乏恒心是大多数人最后失败的根源，一切领域中的重大成就无不与坚韧的品质有关。成功更多依赖的是一个人在逆境中的恒心与忍耐力，而不是天赋与才华。恒心与忍耐力是征服者的灵魂，它是人类反抗命运、个人反抗世界、灵魂反抗物质的最有力支持。

挫折绝对不等于失败，坚持不懈也不是要永远守着一件事不放，而是要全心全力做好眼前的事：先求耕耘，再问收获；渴求知识和进步；提早起床，随时寻求增强效率的方法。

天才未必就能成功，最聪明的人也不一定幸福，财富更不是天上掉下来的。成功只有辛勤工作、审慎筹划和坚持不懈，才能奏效。

3. 哪里跌倒就从哪里爬起来

跌倒了再站起来，在失败中求胜利，这是成功的秘诀。跌倒了爬起来，爬起来再跌倒，直到成功。跌倒不算失败，跌倒了站不起来，才是失败。

失败，是走向更高地位的开始。许多人所以获得最后的胜利，只是得益于他们的屡败屡战。通常来说，失败会给勇敢者以果断和决心。逆境可以激励人心，帮助你战胜成功之路上的“恐怖地带”。

一个人，如果在失败之后，不去挖掘自己潜在的力量，不去重新奋战，那么等待他的还会是失败。只有在失败后发现自己真正能量的人，才能获得成功。

有许多人不知道自己到底能做什么，只会羡慕别人的成功；还有一些人是知道自己该做什么，但就是做不好。这些人共同存在一个问题，那就是他们还没有找到自己身上真正的力量。因此，逆境会像恶魔一样缠绕在他们身边，引起他们的恐慌。但是对逆境存有一种恐慌心理，是没有用的，对于那些成功者而言，所有的逆境都不是恐怖地带，而战胜逆境是在展现自己真正的力量。

一个人，他在自己一生中所获得的每一个成功，都是艰苦奋斗的结果，都是发挥了自己的真正力量，那些不费力得来的成功，反倒有些靠不住。克服障碍以及种种缺陷，从奋斗中获取成功，才可以给人以喜悦。艰难的事情可以试验他的力量，考验他的才干，他反而不喜欢容易的事情，因为不费力的事情，不能给予他振奋精神、发挥才干的机会。

在绝望境地的奋斗，最能启发人的潜在力量；没有这种奋斗，便永远不会发现自己真正的力量。如果林肯是生长在一个庄园里，进过大学，他也许一辈子不会做到美国总统，更不会成为历史上的伟人。林肯之所以这般伟大，是因为他不断地与逆境苦斗着。

当巨大的压力、非常的变故和重大责任压在一个人身上时，潜伏在他生命最深处的种种能力，才会突然涌现出来，而能够坚忍不拔地做出种种大事来。

历史上有无数这样的例子。为了要弥补身体上的缺陷，许多人因此养成了可贵的品格，造就了一番丰功伟绩。一些相貌极平凡的女子、甚至长相丑陋的女子，往往能在学业和事业上，进行不懈的努力，最后竟能做出意想不到的事业来，这可看做是对她们长相的一种补救。

有一个英国人，生来就没有手和脚，竟能如常人一般，有一个人因为好奇心的驱使，特地拜访他，看他怎样行动，怎样吃东西。谁知那个英国人睿智的思想、动人的谈吐，竟叫那个客人十分惊异，完全忘掉了他是个残疾人。

因为特殊缺陷与困难的刺激，并不是人人都有的，所以世界上真正能发现“自己”，把自己最好最高的强项发挥的人并不多见。有许多人连做梦也没有想到在自己身体里面蕴藏着巨大的能力。

伟大人物最明显的标志，就是他坚定的意志，不管环境变化到何种地步，他的初衷与希望，仍然不会有丝毫的改变，而终至克服障碍，以达到所期望的目的。“跌倒了再站起来，在失败中求胜利。”这是历代伟人的成功秘诀。有人问一个孩子，他是怎样学会溜冰的？那孩子回答道：“哦，跌倒了爬起来，爬起来再跌倒，就学会了。”使得个人成功的实际上就是这样的一种精神。跌倒不算失败，跌倒了站不起来，才是失败。

很多人回头看过去，总觉得一事无成，想到自己在衷心希望成功的事情上失败了，曾经至爱的人竟然离他而去，也许他们曾经失掉了职位，或是事业失败，或是因为种种原因而不能使自己的家庭得以维系，使他们觉得自己的前途似乎是十分的惨淡。而事实却不是这样的，只要你不甘屈服，其实胜利就在远方向你招手。

只有毫无畏惧、勇往直前、永不放弃的人，才会在自己的生命里有伟大的进展。

意志坚定永不屈服的人，无论成功是多么遥远，失败的次数是多么多，最后的胜利仍然在他的期待之中。人的禀性都可以由恶劣变为善良，人的事业又何尝不能由失败变为成功呢？生活中到处都有这样的例子，许多人失败了再站起来，跌倒了再爬起来，抱着不屈不挠的无畏精神，向前奋进，最终获得了成功。

有许多人，虽然他们已经丧失了他们所拥有的一切东西，但是还不能把他们叫做失败者，因为他们心中仍然有一种不可屈服的意志，有着一种坚韧不拔的精神。

真正伟大的人，无论面对多么大的失望，也不失去镇静，这样的人终能获得最后的胜利。在狂风暴雨的袭击中，那些心灵脆弱的人唯有束手待毙，但有些人的坚持精神，却依然存在，而这种精神使得他们能够克服外在的一切困难，去获得成功。

4. 不达目的不罢休

为了坚持正确的事情，不管何人阻挡都要同样对待，反复说服，反复渲染，反复强调，不达目的，誓不罢休，不到黄河心不死。面对顽固的对手，这是一种有力的武器。

宋朝的赵普曾做过太祖、太宗两朝皇帝的宰相，他对朝廷的忠诚和政绩都是非常明显的。他是一个勤勉的高级行政官员，学问方面却比同级官吏们稍差些，他登上宰相职位以后，其不足的方面被太祖察觉。一天与太祖议政后，太祖温和地劝他多看一点书，赵普从此以后手不释卷，退朝以后就把自己关在房门里读书。这说明他是个兢兢业业、知不足而善补救的人。他一生全力投身于政治，以辅佐宋朝治理天下为己任，是不可多得的名相。

究其性格，赵普是个性格坚韧的人。

太祖一句委婉的批评，使越普养成至死手不释卷的习惯，反过来，在辅佐朝政时自己认定的事情，就是与皇帝意见相悖，也敢于反复地坚持。

有一次赵普向太祖推荐一位官吏，太祖没有允诺。赵普没有灰心，第二天临朝又向太祖提出这项人事任命事项请太祖裁定，太祖还是没有答应。赵普仍不死心，第三天又提出来。连续三天接连三次反复地提，同僚也都吃惊，赵普何以脸皮这样厚。太祖这次动了气，将奏折当场撕碎扔在了地上。

但赵普自有他的做法，他默默无言地将那些撕碎的纸片一一捡起，回家后再仔细粘好。第四天上朝，话也不说，将粘好的奏折举过头顶立在太祖面前不动。太祖为其所感动，长叹一声，只好准奏。

赵普还有类似的故事。

某位官吏按政绩已该晋职，身为宰相的赵普上奏提出。但因太祖平常就不喜欢这个人，所以对赵普的奏折又不予理睬。但赵普出于公心，不计皇上的好恶，前番那种韧性的表现又重复起来。太祖拗他不过，便勉强同意了。

太祖又问："若我不同意，这次你会怎样？"

赵普面不改色："有过必罚，有功必赏，这是一条古训，不能改变的原则，皇帝不该以自己的好恶而无视这个原则。"也就是说，你虽贵为天子，也不能用个人感情处理刑罚褒赏的问题。这话显然冲撞了宋太祖，太祖一怒之下拂袖而去。

赵普紧跟在后面，到后宫皇帝寝室的门外站着，垂首低头，良久不动，下决心皇帝不出来他就不走了。太祖只好准奏。

外国有一种说法叫"人盯人"。同样的内容，二次、三次不断地反复向对方说明，从而达到说服的效果。运用这种说服法，须有坚韧的性格才行，内坚外韧，对一度的失败，绝不灰心，找机会反复地盯上门去。

5. 持之以恒，终会如愿

俗语说：世上无难事，只怕有心人。这个有心，就是有恒心，有了恒心，不轻言放弃，再难的事也能成功。没有恒心，遇到困难就中途放弃，则一事无成，再容易的事也会成为困难的事。

天下事最难的不过十分之一，能做成的有十分之九。要想成就大事大业的人，尤其要有恒心来成就它，要以坚忍不拔的毅力、百折不挠的精神、排除纷繁复杂的耐性、坚贞不屈的气质，作为涵养恒心的要素。

一个人之所以成功，不是上天赐给的，而是日积月累自我塑造的，千万不能存有侥幸的心理。成功永远只会属于辛劳的人，有恒心不轻言放弃的人，能坚持到底的人。

“冰冻三尺，非一日之寒。”从这个自然现象中就能体现出恒心来，一日曝之，十日寒之；一日而作，十日所辍，成功的概率，几乎等于零。

现在有一种流行病，就是浮躁。许多人总想一夜成名、一夜暴富。比如投资赚钱，不是先从小生意做起，慢慢积累资金和经验，再把生意做大，而是如赌徒一般，借钱做大投资、大生意，结果往往惨败。有人并没有认真研究市场，也没有认真考虑它的巨大风险性，只觉得这是一个发财成名的“大馅饼”，一口吞下去，最后没撑多久，草草倒闭，白白“烧”掉了许多钞票。

俗话说得好：滚石不生苔。坚持不懈的乌龟能快过灵巧敏捷的野兔。如果能每天学习一小时，并坚持十年，所学到的东西，一定远比坐在教室里接受四年高等教育所学到的多。恒心与忍耐力是征服者的灵魂，它是人类反抗命运、个人反抗世界、灵魂反抗物质的最有力支持，它也是福音书的精髓。从社会的角度看，考虑到它对种族问题和社会制度的影响，其重要性无论怎样强调也不为过。

大发明家爱迪生也说："我从来不做投机取巧的事情。我的发明除了照相术，没有一项是由于幸运之神的光顾。一旦我下定决心，知道我应该往哪个方向努力，我就会勇往直前，一遍一遍地试验，直到产生最终的结果。"

凡事不能持之以恒，正是很多人失败的根源。英国诗人布朗宁写道：

实事求是的人要找一件小事做，
找到事情就去做。
空腹高心的人要找一件大事做，
没有找到则身已故。
实事求是的人做了一件又一件，
不久就做一百件。
空腹高心的人一下要做百万件，
结果一件也未实现。

几乎所有的最终的失败者，都是由于没有坚定的信念去坚持所做的事情，三心二意或不能决断、不能坚持正确的方向，使自己走向失败。

沉着冷静，永不气馁，这是每一个人所应养成的品格。任何成功者都永远保持着一副亲切和蔼的笑容，一种希望无穷的气魄，一个必能战胜任何突然袭来的逆浪的自信力和决心。他不急躁，不懊恼，不轻易发怒，更不会遇事迟疑不决。这些良好的品性，往往比他焦心忧虑更易解决许多困难。

从来没有听说过一个满口说着"快要失败"的人会取得成功。对于任何事，你都不应总向阴暗消极的方面去想。你绝不可一天到晚埋怨世道太坏或是年成不利，这种自暴自弃的坏习惯，是一般人最易沾染的。在他们的眼里，从来就没有乐观的时候，一切都是失望的、不会成功的。这种念头往往无形之中会把他们拖进失败的深渊，永远不能自拔，永远不能有成功的一天。

事业好像一棵嫩芽，要它成功，非用阳光去照射不可。

鼓起勇气来，努力推开一切障碍，去改变环境，去扫除外来的恶势力。无论做什么事情，都应向成功方面着想，不可以整天双眉紧皱地去想死气沉沉的失败。

一个光明磊落、充满生气、满面春风的人，到处都受人欢迎；一个老是怨声叹气，专想失败的人，谁都不愿跟他来往。世上唯有那些满怀希望、愉快活泼的人，才能继续不断地发展自己的事业。我们对那些满面愁容、无精打采的人，总是希望能早些避开。

一个有胜利决心的人，他的行为谈吐无不显得十分坚定而有自信。他意志坚强，觉得自己有战胜一切的把握。世上最受人信任、令人钦佩的就是这种人。最遭人厌恶、鄙视的是那种犹豫多疑、拿不定主意的人。

一切成功和胜利都属于在各方面能把握住自己的人。那些即使遇到机会，也不敢自信必能成功的人，只能得到失败。唯有打定主意、有勇气奋斗、迎难而上的人，才能对事业发生兴趣，才能自信一定能够成功。

如果你已经有了适当的发展基础，而且你知道自己的力量确能愉快地胜任，就应该立刻打定主意，不要再发生丝毫动摇。即使你遭遇一些困难和阻力，也千万不要想到后退。

要成就事业，这一过程中的荆棘有时比玫瑰花的刺还要多。它们挡在你面前，正是你试试自己究竟意志是否坚定，力量是否雄厚的机会，任何障碍，只要你不气馁、不灰心，终究有办法可以排除。只要两眼紧盯着目标，坚决认为自己有能力，一定能成就事业，那说明你在精神上已经到了成功的地步。你的事业无疑一定也会跟着成功。

打消一切莫须有的空念头，遇事立刻作出判断，时时显现任何事都有把握的态度，切勿气馁，你所下的决心，必须坚定如山，不可再动摇，无论你受到任何打击与引诱——这是战胜一切的诀窍。

世上真不知有多少失败者，只因没有顽强的坚持，他们所接近的也无非是些心神不定、犹豫怯懦之辈，他们三心二意，永无坚定的信念。他们自身明明有着一种成功的要素，却被自己活生生地推了出去。

无论你穷到什么地步，千万不要失去最可贵的坚持！你昂起的头，切勿被穷苦压下去；你坚决的心，切勿被恶劣的环境所屈服。你要做环境的主人，而不是环境的奴隶。你无时无刻不在改善你的境遇，无时无刻不在向着目标迈进。你应该坚决地说：你全身的力量已经足以完成那件事业，绝不会有人来把你的这股力量抢了去。你应该从自己的个性改起，养成一种坚强有力的个性，把曾被你赶走的自信力和一切因此丧失的力量重新挽救回来。

有许多人对事业曾经失去过信心，但最后还是坚持了下来，挽回了事业。

6. 不做半途而废的可怜虫

在半途而废者的头脑中，到处都是妥协的信念。他们经常认为事情不能再好到一定程度或是不敢承认不彻底。这样的话，就只能永远靠后站了。

半途而废者可能已经经受了很大的逆境才获得了他们现在的地位，他们现在所拥有的东西也是通过努力奋斗才获得的。但不幸的是，恰恰由于那种逆境最终使他们开始权衡危险和收获。他们觉得付出太大，收获又太小。这样，半途而废者放弃了再攀登，他们像放弃者一样停止行动。现在，半途而废者又来到了一种有限逆境的门口，但他们已有充足的理由放弃“往上爬”。对他们来说，存在着一种不切实际的信念，即认为经过一些年的时间或一定的努力后，生命就应该相应地摆脱逆境。有了这样的信念，放弃“往上爬”便是再正常不过了。攀登的代价是很大的，谁都不要掩饰这点，但是收获同样也是很大的。那些死不悔改的半途而废者将付出比攀登更大的代价，他们将不会知道他们能干什么以及能完成什么，他们对自己未来的可能性不会有任何的认识了。

非洲大草原有一种很不起眼的小动物，叫“吸血蝙蝠”，别看它不起眼，却称得上是野马的天敌。它常常像膏药或吸盘一样附在野马的腿上，用尖锐的牙齿以迅雷不及掩耳之势咬破野马的皮，然后贪得无厌地吸血。无论野马怎样奔跑，腾越，挣扎，嘶叫，暴怒，都无济于事，最终都将在流血中无望地死去……在追求事业成功的过程中，每一个人都要有吸血蝙蝠这种执著精神，无论阻力多么大，是一只多么暴烈的野马，都要死死咬住不放，一直到把它的血吸干!

在半途而废者的语言里，你会发现他们妥协的信念。他们经常使用这样一些句子表达：“已足够了”、“这个活（工作）的最低要求是什么”、“需要达到哪种程度，我们就进行到哪种程度”、“事情可能会变坏”、“这不值”、我们还能听到半途而废者对攀登的认识，他们说攀登并不是像他人说的那样十全十美，他们合理地解释了他们为什么不去攀登。而真正的攀登者会说：“让我们干！”

攀登者的语言充满了诸多可能性。攀登者总是说能做什么以及如何去做。他们谈论行动，他们的语言是与行动不可分离的，所以，对那些没有任何行动支持的语言，他们是不喜欢的。

诺特拉·丹蒙足球队的教练劳·荷尔兹有一段精彩的传奇。荷尔兹在少年时很穷，也很凄惨，并且患有严重的结巴，他非常害怕在公共场所讲话，以致到了不敢去上口语课的程度。这对他来说是致命的，也是不合适的。

劳·荷尔兹给自己确定了人生目标，其中包括：与美国总统进餐、漂流蛇河、会见波普、跳伞中尽量延长张伞的时间、做诺特拉·丹蒙队的教练、获得年度冠军、锦标赛冠军等等。他是从来都不能容忍借口和不行动的，他坚持了下来，完成了目标，获得了声誉，展现了自己的能力。他可以自由地用语言表达他想要表达的一切，他不断去赢得胜利。荷尔兹不仅战胜了对自己不利的逆境，还战胜了许多我们认为或许不可能战胜的东西。

“立即干”、“好主意”、“做得最好”、“尽你全力”、“不退缩”、“总有办法”、“问题不在于假设，而在于它究竟怎样”、“没有被做并不意味不能做”、“让我们干”、“现在就行动”。这些就是攀登者热爱的语言。他们是真正的行动者，他们总要求行动，追求行动的结果，他们的语言恰好反映了他们追求的方向。

生命是有区别的，即使有人假设生命本身就是公平的，也没有用。对于每一个人来说，生命事实上怎样也就表明生命本身是怎样的。放弃者几乎没有能力，这也就是他们要放弃的原因。但这种情况并不是一成不变的，放弃者并不是注定要由别人来决定他是否能成为一位攀登者的。我们相信放弃者也是可以改变的，这是个好消息。放弃者同样回到向上攀登的路上，他们那内在的“往上爬”的力量也会活过来的。这将引导他们攀登。

攀登者整个的生活就是面对和克服无穷无尽的逆境，这种逆境像潮流一样不断地向他们涌来。攀登者将继续不断地往上爬，因为他们经历了比放弃者和半途而废者多得多的逆境。攀登如同逆水游泳，它要求永不停止的能量、牺牲和奉献，它要求不断向前冲击。事实上，我们可以看到，许多攀登者来自于不利的环境，他们生活过的世界也就是被逆境淹没的世界，攀登者正是从这样的世界中走出来的。这就是我们在读一些创业者的故事时所发现的一个普遍的特征：在他们生活的某一段时间里，他们经常面对重大的逆境。我们每一个人都要记住这点。没有一个人是彻底一帆风顺地走过来的。攀登者很好地理解了这点，他们明白逆境是生命的组成部分。回避逆境的人，相应地他也回避了生命。

7. 坚持下去，再试一次

荀子说：“骐骥一跃，不能十步，驽马十驾，功在不舍。”（《劝学》）意思是说，骏马一跳不到十步，驽马跑十天，也可以行千里，功效只在不停止。做任何事情，只要坚持下去，就能成功。

成功贵在坚持，要取得成功就要坚持不懈地努力，很多人的成功.也是饱尝了许多次的失败之后得到的，我们经常说什么“失败乃成功之母”。成功诚然是失败的奖赏，但却也是能够坚持者的奖赏，古往今来，那些成功者们不都是依靠坚持而取得成就的吗?

被鲁迅誉为“史家之绝唱，无韵之离骚”的《史记》，其作者司马迁是享誉千古的文学大师，可是他是在什么情况下取得这么大的成就呢？汉武帝为了一时的不快阉割了堂堂的大丈夫，那是多么大的耻辱！而且这给他带来的身心伤害是多么的巨大！我们这些正常活着的人是无法想象的:从此，他只能在四处不通风的炎热潮湿的小屋里生活，不能见风，不能再无畏的欣赏太阳花草，换一个人，简直就活不下去了。司马迁也曾想过死，对于当时的他来说，死是最容易的解脱方法了。可是他还有梦呀，他的梦想就是写一部历史的典籍，把过去的事记下来，传诸后世，别让历史把一切都淹没了。为了这个梦，他坚持了下来，坚持着忍受身体的痛苦，坚持着忍受别人歧视的目光，坚持着在严酷的政治迫害下活着，发愤继续撰写《史记》，并且终于完成了这部光辉著作。

他靠的是什么？还不是靠坚持！要是他在遭受了腐刑以后，丧失了一切斗志，不坚持写《史记》，那我们现在就再也看不到这本巨著，吸收不了他的思想精华。所以他的成功，他的胜利，最主要的还是靠坚持。而相比来说，他的著作所带给我们的震撼倒在其次了，他的坚持的精神所给予我们的激励鼓舞更多。

美国名作家杰克·伦敦，他的成功也是建立在坚持之上的。就像他笔下的人物“马丁·伊登”一样，坚持坚持再坚持，他抓住自己的一切时间，坚持把好的字句抄在纸片上，有的插在镜子缝里，有的别在晒衣绳上，有的放在衣袋里，以便随时记诵。所以他成功了，他的作品被翻译成多国文字，在书店中放在显眼的位置。

功到自然成，成功之前难免有失败，然而只要能克服困难，坚持不懈地努力，那么，成功就在眼前。

有个年轻人去微软公司应聘，但公司并没有刊登过招聘广告。所以总经理疑惑不解，他就问这个年轻人原因，年轻人用不太娴熟的英语解释说，自己是碰巧路过这里，就贸然进来了。总经理感觉很新鲜，破例让他一试，面试的结果出人意料，年轻人表现糟糕，他对总经理的解释是事先没有准备，总经理以为他不过是找个托词下台阶，就随口应道：“等你准备好了再来试吧。”

一周后，年轻人再次走进微软的大门，这次他依然没有成功，但比起第一次，他的表现要好得多。而总经理给他的回答仍然同上次一样：“等你准备好了再来试。”

就这样，这个青年先后五次踏进了微软的大门。他最终被公司录用，成为公司的重点培养对象。

在黑暗中摸索，有时更是需要很长时间才能寻到通往光明的道路，以勇敢者的气魄，坚定而自信地对自己说一声“再试一次！”再试一次，你就有可能达到成功的彼岸！

有人问太太口服液的董事长朱保国：你成功的秘诀是什么？他

说：“坚持！”

他又问第二个呢？他说：“坚持！”当他问第三个秘诀时，朱保国的回答还是：“坚持！”

韩国足球队为什么能冲入世界杯前四强，“韩魔教练”说：我绝对不会说“这样足够了”或“已经没有办法了”这样的话，我要求队员们努力努力再努力，坚持坚持再坚持。

足球的管理和企业管理实际很相似，“韩国足球”正像世界所有成功的企业一样，有幸遇到了一位“坚持”达成目标的“魔鬼CEO”希丁克，加上愿为团队目标不惜牺牲自己的“跑不死”的伟大球员们，韩国足球队不成功都说不过去。

再长的路，一步一步总能走完；再短的路，不去迈开双脚将永远无法到达。再多一点努力，多一点坚持，你会惊奇地发现：生活中到处都绽放着绚烂的成功之花。

诸多事实和经验表明，再坚持一下就会成功，困难和逆境不过是对成功者的一种考验罢了。为了你的成功而坚持下去吧！

第十三章

专注——人生的灵魂

当把聚光镜放在太阳下聚焦在一张纸上，焦点对准的地方就会逐渐升温而起火。当把精力专注聚集在某一点时，人生也会沸腾。专注是人生的焦点，专注是人生的灵魂。完善人生，必须把专注的习惯带在身上。事事认真、专注，那么，身后就会有百花齐放。人生算起来，真正能集中力量扑在工作、事业的时间也只有二十年左右。那么，只要专注做好哪怕一件事，也足够称得上是可观的了。

1. 业精于专

许多有成就的人沉浸在自己的事业中不能再分出哪怕一点点心思去干其他的事，这就是他们专心的地方，也是他们杰出和成功的地方。

大科学家牛顿的衣服常常是不合时宜的；居里夫人结婚时有人要送她一件礼服，她坚持要一件深颜色的，而不要颜色鲜艳的，为的是可以穿着它到实验室工作；爱因斯坦从不讲究衣着，他喜欢的是斯宾诺莎的名言："要是袋子比其中的肉更好，那可是一件糟糕的事"；李四光有个绰号叫"破裤子教授"。在生活中考虑多了，在事业上考虑就少了。有志者都懂得这个浅显的道理。

牛顿结识了一位年轻的姑娘，并且向她求了婚。有一次，他们外出散步，牛顿含情脉脉地拉着姑娘的手。可是，他的思想却不由自主地想起了他正在研究着的疑难问题。像做梦似的，他下意识地把对方的手指当做通烟斗的通条，直往他的烟斗里塞。这位姑娘疼得大叫不已，莫名其妙地看着牛顿。牛顿这才醒悟过来痛心地向姑娘道歉说："啊，亲爱的，饶恕我吧！我知道，这事不行了。看来，我是该一辈子打光棍。"

尽管姑娘宽恕了牛顿，但是却不能理解他，爱情终究成了泡影。科学上许多新的问题不断涌向牛顿的脑海，他整个的身心都集中在科学事业上，所以终身未娶。

爱因斯坦有一种奇妙的自我隔绝的本领。在家里，他常左手抱着孩子，右手做着计算，孩子的啼哭声和他哄孩子的声音仿佛属于另一个世界。在他自己的那个世界里，唯有声音是分子、原子、光量子、空间、时间。

有人问著名指挥家托斯卡尼的儿子："你父亲认为一生中最大的成就是什么？"他回答说："在我父亲眼中没有所谓最大的成就，只要他在做什么，那就是他最重要的事。不论他是在指挥乐队还是在剥一只橘子。"不难看出，全神贯注是托斯卡尼成功的奥秘。

因此，如果我们要想成功，也必须有专心的精神。

2. 专注就是集中注意力

集中注意力意味着排除外界干扰，平息内心的不安，并且寻找各种方法，全神贯注于你所要解决的问题。它要求你把自己的意念从千百件你必须做的事情当中收回，变万念为一念，把注意力放在你手中正在干的事上，就像一只准备扑食的猫。

集中注意力就要长时间地控制你的精力和思维点，集中于特定的任务上以达到特定的目的。

对于任何东西，你都可以渴望得到，而且，只要你的需求合乎理性，并且十分热烈，那么，"专注"这把"神奇之钥"将会帮助你得到它。

人类所创造的任何东西，最初都是透过欲望而在想象中创造出来的，然后经由"专注"而变成事实。

养成专注的习惯，就必须放弃疑惑。对任何事情都抱着怀疑态度的人，将无法获取这把"神奇之钥"，你必须对正在进行的事情抱着信任的态度。

你必须假设你要成为一个成功的作家，或是一位杰出的演说家，或是一位成功的商界主管，或是一位能力高超的金融家。总而言之，你必须假设要成为某一方面的顶尖成功者，你必须相信能够成为这样的人。

大约两年前，老赵开始注意到，他“专注”工作的能力已经衰退了，他的工作变得令他心烦：忘记处理信件，桌上的信堆积如山；各种报告也被他积压下来；他甚至忘了参加公司一个重要的主管会议。

对于这种情形他真是惊讶万分，于是请了一个星期的假，在一处偏远山区的度假别墅内严肃地反省了几天，使他深信自己是患了健忘症。缺乏“专注”工作的力量，在办公室的肉体及心理活动变得散漫无目的。做事漫不经心，懒懒散散，粗心大意，这完全是因为自己的思想未放在工作上的缘故。他在满意地诊断出自己的毛病之后就寻求补救之道。这需要培养出一套全新的工作习惯，他决心要达到这个目标。

他拿出纸笔，写下一天的工作计划：首先，处理早上的信件，然后，填写表格、口授信件、召集部属开会、处理各项工作。每天下班之前，先把办公桌收拾干净，再离开办公室。

他立即把新工作计划付诸实施。每天以同样的兴趣从事相同的工作，而且尽可能地在每天的同一时间内进行相同的工作。当发现思想又开始想到别处时，立刻把它纠正过来。

他利用意志力所创造出的一种心理的刺激力量，不断地在培养习惯方面获得进步。后来，每天虽然做同样的事情，但却感到很愉快，这时，他知道已经成功了。

“专注”本身并没有什么神奇，只是控制注意力而已。一个人只要集中注意力，就能调整自己的心态，使它能接受空间的所有思想电波：这样，整个世界都将成为一本公开的书籍，供你随意阅读。

3. 专注的技巧

（1）做好一件事，控制思想转移。成功的第一要素是能够将你身体与心智的能量锲而不舍地运用在同一个问题上而不会厌倦的能力……你整天都在做事，不是吗？假如你早上7点起床，晚上11点睡觉，你做事就做了整整16个小时。对大多数人而言，他们肯定是一直在做一些事，唯一的问题是，他们做很多很多的事，而我们只做一件。假如我们把这些时间运用在一个方面、一个目的上，我们就一定比他们更加成功。

你是否有时会觉得你的头在旋转而无法集中你的注意力，无法正确地思考问题，感到无法自控，困惑不安？你是否会对某些事感到害怕或很担心？如果你需要清晰的思路来帮助你取得你所期望的结果，你可选择使自己的头脑冷静下来，集中自己的注意力，每天都清晰地思考问题。

大多数人在做一件事时，大脑里都会想着另一件事。我们不会完全地集中于此时此刻所发生的事上。我们的头脑每时每刻都在进行着交谈以及拥有各种各样的意识流。此刻你的头脑里正在进行着什么样的交谈呢？你把多少注意力集中于这本书上？你的思维是否已游离至别处？

如果你的思维不可控制地会转移到那些令人分散注意力或使人苦恼的事上（过去已发生，现在有可能会发生或将来会发生的事），那就说明你并没有把你的注意力集中于你手头上的工作，你的大脑在想一些其他的事。

这些令人分散注意力、产生压力的想法（害怕、担心、消极的想法）

会使你难以集中注意力，从而产生错位的意念，做出错误的决定。无法干好工作。

这一日常能力选择能帮助你清除大脑中产生压力的想法，制止分散注意力的交谈，并且使你重新得到对自身大脑的控制。无论何时，你只要把注意力集中于手上的事。就能放松自己，你的思维就会专心致志，清晰起来。

一旦你感到集中精力有困难，不能清晰地思考时；或是墨守成规，困扰不安时；或是无法排除头脑中的忧虑或担心时，或是当你想从一项工作中得到解脱而进入另一项工作时；或是为专攻一件小事而做大量的无用功而且至今尚未完成最重要的部分时，如果你每天一开始就能使自己心情平静，注意力集中，并在一整天内都能保持冷静、沉着、有自控力，那就更好，你会很高兴拥有清晰的头脑和放松、沉着的态度，这样你就能集中注意力，清晰地、富有创造力地思考问题，从而使工作变得更有效率，更富有成果。

（2）把握好现在，不要心不在焉。大多数人都是略微超前或略微落后，从未准确地把握住现在。假如他们正在与人谈话，他们可能同时在回想自己刚才说的话、别人刚说过的话，或是他们正想要说的话，甚至在想一些完全不相关的事。

心不在焉对任何事业都可能造成灾害。成就事业，应该使我们的身心处在满溢状态。满溢状态行为是发生在精神高度集中中，因心智状态过于专注而忽略了其他无关的事物。运动员有时会用“在自己的地盘上玩”来形容当他们的表现超出他们的能力，每件事都很顺利的时候，利用类似竞赛的挑战状况成功地激发出满溢状态行为，满溢状态最可能发生在个人处于能力与任务的难度大约相当的情况下。如果任务太难，人会感觉焦虑不安，如果任务太简单，也不能充分发挥个人潜能的作用。

当工作很顺利时，就感觉到工作就像画家和他的作品一样融二为一，既兴奋但镇定，兴高采烈但是自制，不但是快乐的感觉，而且也比较幸福。

一位作家时时刻刻都坐在打字机前，熬出一本又一本的书，有好几年的时间，他每个月都写出一本书：问他什么是最难做的事，他回答说："有人打断我写作时，我还是强颜欢笑。"亨利·福特说过：我有的是时间，因为我从来不离开工作岗位，我不认为人可以离开工作，他应该要朝思暮想，连做梦的也是工作。

认为这些人花费了太多时间与精力投注在他们狂热的事业上，并因此而感到不可理解的人有时候会忘记一个事实：对他们来说，这不是牺牲而是乐趣。或许，我们不应该为这些沉迷的人感到难过，沉迷的原因各有不同，有些是来自罪恶感，有的则来自无知、天真或沮丧。但是，就像成功者，他们沉迷只是因为热爱他们所做的工作，而且沉迷丰富了他们事业成功所必备的东西。

（3）专注之前做出正确选择。针对你将如何对待精神上的压力和紧张，立刻做出一个深思熟虑的选择。精神上的压力使你很难把你的注意力集中于手头的工作，无法清晰地思考，出色地工作，尤其是当你处于紧张状态时，可以选择清除头脑中分散注意力、产生压力的想法，使自己完全沉浸于此时此刻，集中注意力于一些平静和赋予能力的工作上，以便专心于所必须解决的问题。清晰的思考，富有创造力，做一些有质量的决定，较大程度地提高自身的效率。

如果选择使自己沉湎于分散注意力和产生压力的有关过去或将来的想法，就会让它们阻碍自己的思维过程而使自己无法专心，无法直接地思考问题，从而做出太鲁莽的决定或根本无法做出决定，使自己没有任何效率或可能产生负效应。

（4）要学会及时休息。研究表明，如果人们在一天中经常得到能够缓解压力的休息，那么我们的工作效率将会高得多。事实上，我们必须通过休息来加快速度和改进自己的工作，同时，通过转移我们的注意力，使我们从旧框框中解脱出来，解放我们成就事业的创造力。

一旦你感到大脑有点僵化．不能很好地思考问题或不能集中注意力时，停止你手中的工作，让大脑得到片刻休息。站起来，走一会儿，喝杯水，跟别人交谈几句，坐在一张舒适的椅子里，看一些有益的读物，呼吸一些新鲜空气，或者躲到一个安静的地方，参加一项与你的工作毫不相同的活动，让你的大脑完全沉浸在轻松有趣的活动之中。这么做能缓解精神压力慢慢地积聚起来的危险过程，缓和大脑的紧张程度，恢复你的大脑思考能力。

一旦你感到精神上有压力，赶快采取这些措施，不要一直等到疲惫不堪时才去休息。

（5）要清除杂念。放松一分钟，摆脱精神上的紧张，然后花三分钟或者更长的时间将你的注意力完全集中在某个具体的、令人愉快的、平静的事物上。它可以是任何东西，一幅画，一件摆设，一个温和的词，给人以安慰的词组，精神上的肯定，或者是一次愉快的经历。你的头脑将会变得清醒，变得开放，接受能力强，富有创造性，而且运转自如。别忘了，在做这些事时，做几个深呼吸。

这一方法能够奏效是因为尽管人的大脑十分复杂，它在一段时间内只能集中在一件事上。如果注意力集中在消极、产生压力的想法上，你在心理上、生理上都会感到有压力，如果注意力集中在令人愉快的事情，就会感到愉快。

沉思是一个使头脑冷静、清晰的过程，它再一次把你的注意力集中在当前某件具体的事、活动或想法上，并使你充分地意识到这一点。沉思活动是获得对你思想和心灵控制的巧妙途径。这是一门保证将你的注意力集中在手头的工作上的艺术，以一种冷静、沉着、泰然自若的方式，温和地但高效率地处理任何不可避免的、令人分心的想法。

（6）要全身心投入。一次只专心地做一件事，全身心地投入并积极地希望它成功，这样你的心理上就不会感到筋疲力尽。不要让你的思维转到别的事情、别的需要或别的想法上去。专心于你已经决定去做的那个重要项目，放弃其他所有的事。

把你需要做的事想象成是一大排抽屉中的一个小抽屉。你的工作只是一次拉开一千抽屉，令人满意地完成抽屉内的工作，然后将抽屉推回去，不要总想着所有的抽屉，将精力集中于你已经打开的那个抽屉。一旦你把一个抽屉推回去了，就不要再去想它。

为了保证你的效率以及最大限度地做出贡献，你必须学会专心致志，学会如何拒绝那些会浪费你的生产能力的活动和工作。

4. 专注是一种素养和品质

初入职场的年轻人都有这样的感觉，认为自己做事都是为了老板，是在为老板挣钱，受老板剥削。他们认为反正为人家干活，能混就混，公司亏了也不用自己承担。其实，这样做对老板、对自己都没什么好处。

有个才华横溢的年轻人，对工作缺乏热情，不专注本职工作，总是消极散漫，与他一同进公司的同事都不同程度地得到了重用、提拔，只有他始终得不到老板的青睐。

事实证明，专注工作，具备敬业精神对自己是非常重要的。敬业的人能从工作中学到比别人更多的经验，而这些经验便是你向上发展的踏脚石，就算你以后换了地方，从事不同的行业，丰富的经验和好的工作方法也必会为你带来助力，你的敬业精神也会为你的成功带来帮助。因此，把敬业变成习惯的人，从事任何行业都容易成功。

有些人天生就具有敬业精神，任何工作一接手就废寝忘食，但有些人则需要培养和锻炼敬业精神。如果你自认为敬业精神还不够，那就强迫自已敬业，以认真负责的态度做任何事，让敬业精神成为你的习惯。

把敬业变成习惯之后，也许不能立即为你带来可观的收入，但可以肯定的是，如果你养成“不敬业”的不良习惯，你的成就会相当有限。因为你的那种散漫、马虎、不负责任的做事态度已深入你的意识与潜意识，对任何事都会有“随便做一做”的直接反应，其结果可想而知。如果一个人到了中年还是如此，很容易就此蹉跎一生。当然也说不上由弱变强，改变一生的命运了。

5. 艺多不如一门精

“一招鲜，吃遍天”，这话想必永远不会过时。无论你是高雅之士还是粗鄙之人，只要你对自己从事的行业有所专长，技艺精深，那么你就有可能成为此行业的一代宗师了。

《庄子》一书中，讲了两个技艺超群的人。一个是厨房伙计，一个是匠人，厨房伙计即那位宰牛的庖丁，匠人即那位楚国郢人的朋友，叫匠石。二人的共同之处，就是技艺超群，简直到了出神入化的境界。

先看庖丁，他为梁惠王宰杀一头牛。他那把刀似有神助刷刷刷几下，一个庞然大物，便肉是肉、骨是骨、皮是皮地解剖得清清爽爽。他解牛时，手触、肩依、脚踏、进刀，就像是和着音乐的节拍在表演。更奇的是，庖丁的刀已用了十九年，所宰的牛已经几千头，而那刀仍像刚在磨石上磨过一样锋利。此时你看他提刀而立，悠然自得，又仔细地把刀擦净，收好。那神气，就如同优雅的西班牙斗牛士。

再看匠石，也许是木匠，也许是石匠，也许木石活儿都做。他的技艺也十分了得。郢人把白灰抹在鼻尖上，让匠人削掉。那白灰薄如蝉翼，匠人挥斧生风，削灰而不伤郢人的鼻子。

古人讲：“三百六十行，行行出状元。”凡是掌握了一门技艺，无论是做什么的，都可以成名。只要有一技之长，就可以自立。的确是如此。过去老人总对年轻人说：“纵有家产万贯，不如薄技在身。”这是最平凡最实在的真理。

一个残疾青年，学会电脑打字，便办起了小小打字社，交活儿及时，打的质量又高，连一些著名作家也慕名而来，让他打文稿。几个下岗大嫂，都是做饭行家，一核计，总不能老靠一点儿救济金度日，于是办起了“嫂子饺子馆”，卖的饺子薄皮大馅，服务热情，很快就兴隆起来。和他们相比，无技之人的确是最苦，别说扬名，自立都很困难。现在的社会竞争激烈，没有真本领，很难在世上立足。

有些人瞧不起技艺，总想做大事。做大事是可以的，比如当总经理，从政做官，做科学家、理论家，等等。但一是要真有那份才能，也要有机遇；二是就是做大事，也常常离不开靠技艺做小事打基础。这个基础，包括锻炼你的实践能力，包括锻炼你的意志，包括对基层实际的体察。有时一技在身，也能助你成就大事。

不要小瞧这些技艺：理发、修表、烹饪、园艺、茶道……只要技艺精深，在当今世界，同样大有可为，同样事业辉煌。聂卫平是围棋大师，杨小燕是桥牌皇后，侯宝林是相声泰斗，梅兰芳是京剧巨擘，乔丹是篮球巨星，皮尔·卡丹是时装大腕……

许多原被人视为“雕虫小技”的技艺，今天却有了巨大的商业和社会价值，有的甚至变成一种产业。有为青年应当注意这种情况，在其中寻找成功的机遇。

6. 专一能化劣势为优势

有的时候，人的劣势未必就是劣势，可能反而因专注而成了优势。

有一个10岁的小男孩，在一次车祸中失去了左臂，但是他很想学柔道。

最终，小男孩拜一位日本柔道大师做了师傅，开始学习柔道。他学得不错，可是练了三个月，师傅只教了他一招，小男孩有点弄不懂了。

他终于忍不住问师傅："我是不是应该再学学其他招数？"

师傅回答说："不错，你的确只会一招，但你只需要会这一招就够了。"

小男孩并不是很明白，但他很相信师傅，于是就继续照着练了下去。

几个月后，师傅第一次带小男孩去参加比赛。小男孩自己都没有想到居然轻轻松松地赢了前两轮。第三轮稍稍有点艰难，但对手还是很快就变得有些急躁，连连进攻，小男孩敏捷地施展出自己的那一招，又赢了。就这样，小男孩迷迷瞪瞪地进入了决赛。

决赛的对手比小男孩高大、强壮许多，也似乎更有经验，有一度小男孩显得有点招架不住，裁判担心小男孩会受伤，就叫了暂停，还打算就此终止比赛，然而师傅不答应，坚持说，"继续下去！"

比赛重新开始后，对手放松了戒备，小男孩立刻使出他的那一招，制服了对手，由此赢了比赛，得了冠军。

回家的路上，小男孩和师傅一起回顾每场比赛的每一个细节，小男孩鼓起勇气道出了心里的疑问：“师傅，我怎么只凭一招就赢得了冠军呢？”

师傅答道：“有两个原因：第一，你几乎完全掌握了柔道中最难的一招；第二，就我所知，对付这一招唯一的办法是对手抓住你的左臂。”

所以，小男孩最大的劣势变成了他最大的优势。

只要懂得扬长避短就无劣势可言，再加上专一，也就可以把劣势变成特点或优势。

7. 不要朝三暮四

朝三暮四的人，游来荡去，毫无专心的决心，只能是一辈子混了。

好多年前，有人要将一块木板钉在树上当搁板，贾金斯走过去管闲事，说要帮他一把。

他说：“你应该先把木板头子锯掉再钉上去。”于是，他找来锯子之后，还没有锯到两三下又撒手了，说要把锯子磨快些。

于是他又去找锉刀。接着又发现必须先在锉刀上安一个顺手的手柄。于是，他又去灌木丛中寻找小树，可砍树又得先磨快斧头。

磨快斧头需将磨石固定好，这又免不了要制作支撑磨石的木条。制作木条少不了木匠用的长凳，可这没有一套齐全的工具是不行的。于是，贾金斯到村里去找他所需要的工具，然而这一走，就再也不见他回来了。

后来人们发现，贾金斯无论学什么都是半途而废。他曾经废寝忘食地攻读法语，但要真正掌握法语，必须首先对古法语有透彻的了解，而没有对拉丁语的全面掌握和理解，要想学好古法语是绝不可能的。

贾金斯进而发现，掌握拉丁语的唯一途径是学习梵文，因此便一头扑进梵文的学习之中，可这就更加旷日费时了。

贾金斯从未获得过什么学位，他所受过的教育也始终没有用武之地。但他的先辈为他留下了一些本钱。他拿出10万美元投资办一家煤气厂，可造煤气所需的煤炭价钱昂贵，这使他大为亏本。于是，他以9万美元的价格把煤气厂转让出去，开办起煤矿来。可这又不走运，因为采矿机械的耗资大得吓人。因此，贾金斯把在矿里拥有的股份变卖成8万美元，转入了煤矿机器制造业。从那以后，他便像一个内行的滑冰者，在有关的各种工业部门中滑进滑出，没完没了。

他恋爱过好几次，可是每一次都毫无结果。他对一位姑娘一见钟情，十分坦率地向她表露了心迹。为使自己匹配得上她，他开始在精神品德方面陶冶自己。他去一所星期日学校上了一个半月的课，但不久便自动逃遁了。两年后，当他认为问心无愧、可以启齿求婚之日，那位姑娘早已嫁给了别人。

不久他又如痴如醉地爱上了一位迷人的、有5个妹妹的姑娘。可是，当他上姑娘家时，却喜欢上了二妹，不久又迷上了更小的妹妹，到最后一个也没谈成功。

在商业界有一句格言：“不要把所有的鸡蛋放入同一个篮子。”在日常生活中也是如此。

在实现目标的道路上，最忌讳的就是朝三暮四。

第十四章

心态——决定人生命运的关键

人生优劣的关键全在于心态。心态好，则没有什么障碍了。积极的心态是穿透乌云的阳光，能赶走心中的阴暗、消极的念头，使人振奋进取，高歌前行。心态决定命运，习惯影响心态。养成凡事有好心态的习惯，必定会有益于人生的完善。冷静、平和、乐观、自强等等这些心态都是人生的人参汤、灵芝草，是起死回生的妙方。

1. 心态是你唯一能自己掌握的东西

只有心态是你唯一能完全掌握的东西，控制你的心态，培养积极心态，那么，生命将会按照你自己的意志前进，而不是漫无目的。没有了积极心态就无法成就什么大事。

断绝与过去失败经验的有关的消极心态，消除你脑海中和积极心态背道而驰的所有不良因素。

找出你内心的人生的真正需要，并立即着手去得到它，去追寻你的目标，如此一来，你便可将积极心态应用到实际行动之中。

确定你需要的资源之后，便制定得到这些资源的计划，注意所定的计划必须不要太过度，也不要太不足，记住贪婪是使野心家失败的最主要因素，是不可取的。

培养每天说或做一些使他人舒服的话或事，你可以利用语言，或一些简单的善意动作达到这个目的。例如给他人一本关于励志的书，或许可以为他带来一些可使他的生命充满奇迹的东西。日行一善，可永远保持无忧无虑的心情。

打倒你的不是挫折，而是你面对挫折时所持的心态，或许可以在每一次不如意中，都能发现挫折的积极的一面。

务必使自己养成精益求精的习惯，并以你的爱心、热情发挥你的这项习惯，如果能使这种习惯变成一种嗜好那是最好不过的了。因为，懒散的心态，很快就会变成消极的心态。

当你找不到解决问题的答案时，不妨试着帮助他人解决他的问题，并从中找寻你所需要的答案。在你帮助他人解决问题的同时，你也正在洞察解放自己的方法。

改掉你的坏习惯，连续不间断地每天禁绝一项恶习并在一天或一周结束时反省和总结一下成果。如果你有问题或需要帮助时，勇敢的寻求他人的帮助，切勿让你的自尊心迫使你却步。

自怜从来都是独立精神的毁灭者，要相信你自己才是你唯一可以随时依靠的人。

把一生当中发生的所有事件，都看做是为了激励你上进而发生的事件，即使是最悲伤的经历，也会为你带来最多的财富。

放弃想要控制别人的念头，在这个念头摧毁你之前先摧毁它，把你的精力转而用来控制你自己。

把全部的思想用来做你想做的事，而不要留半点思维空间给那些胡思乱想的念头。

使自己多活动以保持自己的健康状态，生理上的疾病很容易造成心理的失调，你的身体应和你的思想一样保持活力，以维持积极的行动。

增加自己的耐性，并以开阔的心胸包容所有事物，同时也应与不同类别和不同信仰的人多接触，练习接纳他人的本领，养成习惯，而不要一味地要求他人照着你的意思行事。

2. 自强的心态体现人生的价值

“天行健，君子以自强不息。”这是《周易》中的名句。自强就是努力向上，是奋发进取，是对美好未来的无限憧憬和不懈追求。自强的心态和精神之所以可贵，是因为自强者依靠的是自己的拼搏奋斗，而非其他人的荫庇提携。

靠别人安身立命是毫无出息的，是靠不住的。正所谓：“庭院里练不出千里马，花盆里长不出万年松”。清代书画家、文学家郑燮，52岁时才得一子，万分疼爱，但从不溺爱，经常以各种方法培养其自立能力。他病危时，寄养在乡下老家中的儿子特地来看父亲。他要儿子亲手做几个馒头给他吃。但儿子从未做过，只好去请教厨师。当儿子将亲手做的馒头送到父亲床前时，父亲已咽了气。儿子悲痛得大哭，突然发现茶几上压着一张纸条，原来是父亲临终前写的一张字条，大概意思是这样的：

淌自己的汗，吃自己的饭，

自己的事业自己干；

靠天、靠人、靠祖宗，

不算是好汉！

在这个浮躁的物欲横流的社会里，自强的心态，好像已成为一个浪漫的理想化的状态。窗外车水马龙，人们行色匆匆，急于求成的人太多，心态普遍浮躁，不少人生活得太现实。不少女性认同一种观点，那就是“干得好不如嫁得好”。不管这个观点正确与否，都源于一种心态，那就是急于求成，害怕吃苦，期望不劳而获，有这种心态，持这种观点的人在现代社会中不仅仅只在女性中存在，这种心态似乎被越来越多的年轻人认为是理所当然的。

谁都向往安逸无忧的生活，但是困难却是人生不可避免的，俗话说，有苦才有乐。经过自己的努力得来的一切，虽然其中过程可能饱含心酸，但是在奋斗的过程中，所获得的对人生的感悟，以及奋斗后面对自己的哪怕一点点的成绩，都会让我们获得极大的成就感。有人说人生其实活的就是一份感觉，这句话不无道理。这种成就感，这种自强奋斗的快乐，绝不是父母、爱人、朋友的无偿给予所能感悟到的，也不是靠轻而易举地交换自己的青春美貌就能获得的，没有经过创造就享受，靠别人的创造来装扮自己，讲究享受，其实是在自欺欺人。如果只是将洋房、汽车看做是生活的顶点，这样的人生只能用一个词来概括，那就是悲哀。靠自己的双手和自己的能力活着，才活得踏实。正因为遇到种种困难，我们才会去克服，在克服困难的过程中取得进步；正因为面临种种问题，我们才会去解决，在解决问题的过程中走出新路。人唯有从这种由忧而喜、不断自强的过程中，才能真正品味到生命的意义和充满活力的人生。

自强的心态，是一种尊重自己、珍视自己的心态，同时也是一种对亲人、对爱人负责的心态，它需要我们有一股勇气，这种勇气是坚韧的，不仅仅是表现在烽火连天的战场上，更表现在平凡平静的生活中，这是一种内在的考验。自强的心态与坚定的意志和坚强的决心有紧密的联系，“有志者事竟成，破釜沉舟，百二秦关终属楚；苦心人天不负，卧薪尝胆，三千越甲可吞吴。”落第秀才蒲松龄以历史上自强者的事迹自勉，终于使自己成为一个名载史册的自强者，这也道出了意志和决心对于成功的决定作用。

人最大的敌人是自己，战胜别人的人只是有智慧，有力量，而战胜自己的人才算强者。自强是一个永无止境的追求。旧的问题解决了，新的问题又出现了；一个困难克服了，另一个困难又来到了。人生的过程就是不断克服困难、解决问题的过程。生命不息，奋斗不止。现在的社会甚嚣尘上，抵制各种诱惑的确需要非一般定力。成功不是一朝一夕得来的，更应心存远大的目标，不能投机取巧、急功近利，面对纷繁的社会要学会平衡自己的心态，扎实进取，如果你的知识、人格魅力沉淀不够，你终将会被这个社会淘汰。

无数自强者的经验都告诉我们，一个人的成功主要不在其有多高的天赋，也不在其有多好的环境，而在其是否具有坚定的意志、坚强的决心和明确的目标。理想是自强的力量之源。人的活动如果没有理想的引导和鼓舞，就会变得空虚、软弱、混乱而渺小。只要脚踏实地，百折不挠，一步一个脚印地向着崇高的理想迈进，总会有所收获，有所成就。

自强者百忙而忙出成效，自贱者自闲而惹出祸端。自强者总不安于现状，不断地创新、突变，生活得忙碌而充实，终会有所成就。自强不仅是对个人的心态要求，也是国家强盛的标志。人人自强国必强，家家自强国必兴。支撑自强心态可以有很多客观理由，爱人的希望，家庭的重担，子女的幸福，但是归根到底还要靠内心的充实，以及对自己对亲人的责任。正是这种内心的充实以及对家庭和社会的责任使一些原本很普通的人成为了自强自信的成功者。

3. 冷静的心态是应对纷扰的镇静剂

世事虽沧桑变化，我心事定，无论你怎么变化，我心里有数。古今中外，凡是伟人，定有遇事不慌、沉着冷静的特点，只有这样，他们才能正确地判断局势，应变局势，取得成就。冷静的心态往往是成功的决定因素。

一般来说，人们只要不是处在愤怒、疯狂、失控的状况下，都能保持自制并做出正确的决定。健康、正常的情绪，不仅平时给生活带来幸福、稳定、畅快，而且能在大难临头时，帮助你逢凶化吉，转危为安。

在现实生活中，总免不了会遭到不幸和烦恼的突然袭击。有一些人，面对从天而降的灾难，处之泰然，总能使平静和开朗永驻心中；也有的人面临突变而方寸大乱，一蹶不振，从此浑浑噩噩。为什么受到同样的心理刺激，不同的人会产生如此的反差呢？原因在于是否能够学会冷静应变。

在影响人体健康和长寿的因素里，精神和性格起着非常重要的作用，一个人的精神状态和性格特点，同先天遗传因素有一定关系，但是更主要的是由后天的社会环境的影响决定的。面临灾难与烦恼，必须居高临下、反复思考、明察原因，这样能使你很快地稳定惊慌失措的情绪，然后鼓足勇气，扪心自问自己是否已失掉渡过难关的信心。多去思考诸如此类的问题是冷静应变的首要诀窍。要认识到不幸和烦恼并不是不可避免的，也许是自己钻牛角尖，无端地把自己与烦恼绑在一起，折磨自己。

科学研究表明，“入静状态”能使那些由于过度紧张、兴奋引起的脑细胞机能紊乱得以恢复正常，你若处于惊慌失措心烦意乱的状态，就别指望能用理性思考问题，因为任何恐慌都会使歪曲的事实和虚构的想象乘隙而入，使你无法根据实际情况做出正确的判断。当你平静下来，再看不幸和烦恼时，你也许会觉得它实际上并没有什么了不起。正视自己和现实就会发现，所有的恐怖与烦恼只是你的感觉和想象，并不一定是事实的全部，实际情形往往总比你想象的好得多，人所陷于的困境往往来源于自身，对自己和现实有一个全面正确的认识，是在突变面前保持情绪稳定的前提之一。当你处于困境时，被暴怒、恐惧、嫉妒、怨恨等失常情绪所包围时，不仅要压制它们，更重要的是千万不可感情用事，随意做出决定，要多想想别人能渡过难关，自己为什么不能冷静应变，调动自己的巨大潜能去应付突变呢？

大量的实验证明，平衡的心理是任何一个面临突变，但却不被突变所击垮的人必备的心理素质。要学会自我宽容，人世间没有无所不能的人，人外有人，天外有天，企求事事精通、样样如意只会促使自己失去心理的平静。所以应先明了你可以稳操胜券的事情，并集中精力去完成它，你定会因此而感到莫大的喜悦。不要怕工作中的缺点和失误，成就总是在经历风险和失误的自然过程中才能获得。懂得这一事实，不仅能确保你自己的心理平衡，而且还能使你自己更快地向成功的目标挺进。不要对他人抱过高的期望，百般挑剔，希望别人的语言和行动都要符合自己的心愿，投自己所好，是不可能的，那只会使你自寻烦恼。有时要回避烦恼去做一些力所能及的事，并以此为荣，以此为乐，这是保持心理平衡的重要一环。

心情舒畅是冷静应变的前提，也是它的结果。培养冷静心态的行之有效的办法就是：尽情地从事自己的本职工作和培养广泛的业余爱好，暂时忘却一切，尽情享受娱乐的快感。只要你多给人们以真诚的爱和关心，用赞赏的心情和善意的言行对待身边的人和事，你就会得到同样的回报。要学会宽恕那些曾经伤害过你的人，别对过去的事耿耿于怀。宽恕，能帮助我们弥合心灵的创伤。相信自己的情感，千万不要言不由衷，行不由己，任何勉强、压抑和扭曲自己情感的做法只能加剧自己的苦恼。

保持冷静的心态，就是多让自己保持心情舒畅，找到一个心态平衡的支点，这样冷静就会慢慢地走近你，成功也离你不远了。

4. 乐观的心态是一种积极的人生态度

乐观心态的人往往善于将人生的感受与人的生存状态区别开来，认为人生是一种体验，是一种心理感受，即使人的境遇由于外来因素而有所改变，人们无法改变自己的生存状态，但人可以通过自己的精神力量去调节自己的心理感受，尽量地将其调适到最佳的状态。

人生的最高境界就是快乐，快乐是一种积极的处世态度，是以宽容、接纳、豁达、愉悦的心态去看待周边的世界。

渴望人生的愉悦，追求人生的快乐，是人的天性。每个人都希望自己的人生是快乐的，充满欢声笑语的。可是现实生活并不是真空，简单纯一，不如意的事情是难免的。英国思想家伯特兰·罗素认为，人类种类各异的不快乐，一部分是根源于外在社会环境，一部分根源于内在的个人心理。面对现实的经济衡量，以及面临生存的竞争，要努力使自己的心理调整到快乐状态，使乐观成为不可或缺的维生素。

孔子曰：“仁者爱人。”（《论语·颜渊》）博爱的人才会懂得善待自己，善待他人。

有一次，苏格拉底跟妻子吵架后，刚走出屋子，他的妻子就把一桶水浇在他头上，弄得他全身尽湿，苏格拉底于是自我解嘲地说：“雷声过后，雨便来了！”一个乐观的人，当他面临苦难和不幸时，绝不自怨自艾，而是以一种幽默的态度，豁达、宽恕的胸怀来承纳。乐观的心态是痛苦时的解脱，是反抗的微笑，笑是一种心情，时时有好心情是一种境界。

要拥有乐观的心态，首先目光就要盯在积极的那一方面。一个装了半杯水的杯子，你是盯着剩下的下半杯，还是盯着那空空的上半杯？从窗户望去，你是看到了黄色的泥土还是满天的星星？以不同的心态去看待身边的事物，就会收到不同的效果。面对同样一个事实，会有完全不同的见解。这实际上讲的都是心理学上的一种“漏掉的瓦片效应”，一栋房子顶上铺满了密密麻麻的瓦片，但有的人在看房顶时，不是看铺得很好很整齐的瓦片而是专看那一块铺漏了的瓦片。自然这种凡事专挑自己的缺点，总是爱自己为难自己的人是不会快乐的。

烦恼是一阵情绪的痉挛，精神一旦牢牢地缠住了某事就不会轻易放弃它。不良的心境有一种顽固的力量，往往不易摆脱，当一个人心境不佳时不要过分独自地冥思苦想，最好将自己的心事倾诉出来，或是转移到其他的事情上去，心理学上称之为“心境转移”。乐观主义者成功的秘诀就在于他的特殊的“解释方式”。当失败之后，悲观主义者倾向于自责：“我不善于做这种事，我总是失败。”乐观主义者则寻找客观原因：“这次是天气不好，下次就行了。”当一切顺利时，乐观主义者把一切功劳都归于自己，而悲观主义者只把成功视为侥幸。有人让一组实验者给陌生人打电话，请他们为红十字会献血。当他们的第一、二个电话未能得到对方的同意时，悲观者说：“我干这事不行。”乐观主义者则对自己说：“我需要试试另一种方法。”我们在某件事没有做好时，总陷入自责而不能自拔，比如考试成绩不好，你就会归咎于自己不努力，其实，并不尽然。有一位类似经历者的话让人记忆犹新，他说："如果你考得不好，并不是你的错，是你的老师教得不好。"从小到大我们所受的教育都是不要把错误归咎到别人身上，要从自己身上找缺点，要从主观上找原因，因此他的话让人乍一听觉得非常吃惊。可是仔细思考他的话后却发现，的确是这样，我们有的老师不仅发音不标准而且照本宣科，问她问题时回答也含糊不清，上课根本调动不起我们的积极性。这样想心里好受多了。

在多数人身上，乐观主义和悲观主义兼而有之，但总更倾向于其中之一。这是一种所谓"早在母亲膝下"就开始形成的思维模式，美国一位学者对小学低年级儿童做了一些工作，她帮助那些屡屡出错的困难学生改变他们对失败原因的解释，从"我很笨"变成"我学习还不够努力"，他们的学习成绩果然随之提高了。

乐观的人总是能从平凡的事物中发现美，曾有一首诗道出了这份独特心境："我曾孤独地徘徊/像一缕云/独自飘荡在峡谷小山之间/忽然一片花丛映入眼帘/大片金黄色的水仙/我凝视着——凝视着——但从未去想/这景象给我带来了什么财富/我的心从此充满了喜悦/随那黄水仙起舞翩跹。"生活中不乏欢乐，欢乐还要你去用心地体会。伯特兰·罗素认为："一个人感兴趣的事情越多，快乐的机会也越多，而受命运摆布的可能性便越少。"为了充实生活、协调身心，即使做些极为平常的小事，也是一种寄托和满足。

杜甫以"细推物理须行乐，何用浮名绊此身"（《曲江二首》之一）两句诗为准则。仔细推敲世界上万物的道理，做一些快乐的事情，做一些自己喜欢做的高兴、有益的事，不必为了一些空名而放弃了自己喜欢做的事。快乐是一种生活态度问题，真正的幸福来自内心，它不能以财富、权力、荣誉和征服来衡量。

5. 平和的心态是一汪不竭的清泉

任何一次成功都仅仅是人生旅途中的一个驿站，它来源于平实，归终于平实，一个社会格局的开创固然需要很多野心勃勃的人物的创造，但一个社会是否能够持久安定，维持文化的尊严与品格，还是需要全社会都建立培养一种平和的心态。

有人曾问苏格拉底："请告诉我，为什么我从未见过您蹙眉，您的心情怎么总是这样好呢？"苏格拉底答道："我没有那种失去了它就使我感到遗憾的东西。"不以物喜，不以己悲，这是人生的一种境界。

平和的心态对健康的积极作用，是任何药物所不能替代的，在竞争日益激烈的今天，学会平和自己的心态对身体健康乃至事业的成败都是至关重要的。有句俗语："心静自然凉"，如果人的心态、心境能够悠然、恬静、积极健康、顺其自然，那么即使是在炎热的夏天，也会有清凉的感觉。古人生活在田园之间，"采菊东篱下，悠然见南山"（陶渊明：《饮酒》其二），人不需要面对那么多的诱惑，自然能够容易做到心态平和，在物欲横流、诱惑重重的今天能够做到平和却并非易事。在物质化的时代，我们不断地接受各种各样的刺激，不断地吸收五花八门的信息，不断地追求和积累所谓的人生价值。面对纷繁复杂的大千世界，自己被搅得晕头转向，不知道这些到底是什么，自己所要的又是什么。我们积累了太多关于名誉、地位、财富、学历的欲念，同时也积累了很多兴奋、自豪、快乐、幸福以及烦恼郁闷、懊悔自卑、挫折、沮丧、愤怒、仇恨、压力种种复杂的情绪。我们会时常为之所动，甚至神魂颠倒，被外界的刺激搅得心神不宁甚至坐卧不安。要重新稳固我们生活的定力，回归平和的心态，就常常得给自己的心理洗一洗澡，经常将这些积累的东西分类鉴别，别让早该抛弃的东西依旧还在占据你的心灵。让该珍视的是回归灵魂吐故纳新，就如同你在擦拭掉门窗上的尘埃与地面上的污垢一样，把一切整理就绪之后，整个人好像心理阴霾得到荡涤，获得一种快意无比的释放心理。

对自己不要过分苛求。若把目标和要求定在自己力所能及的范围内，不仅易于实现，而且心情也容易舒畅。对他人的期望不可过高，很多人把自己的希望寄托在他人身上，若对方达不到自己的要求，就大失所望。

但是，平和并不是掩饰自身某种退缩、自欺欺人的外衣。平和是一种经过挫折失败，不断奋斗努力才能历练出的人生境味，并非几句“平常心”、“与世无争”、“顺其自然”等等好像禅味十足的言词所能概括的。就像小孩子不跌倒就不会走路，不经过一番生命洗礼，就不能轻易地练就一颗平和的心。

犹如一把弦乐器，弦松了紧了，都会变调。只有不时地加以调整，弦音才会纯正。“宠辱不惊闲看庭前花开花落，去留无意漫观天外云卷云舒。”只有当心态有了平和而又不失进取的弦音，我们才能左右逢源，许多棘手问题也便迎刃而解，许多人间的美景才能尽收眼底。平和的心态是一种至高的人生境界，一种面对荣誉、金钱、利益的达观与豁达。人生中一时的做到平和并非难事，重要的是当荣誉、地位纷至沓来的时候，在鲜花、赞美中仍能保持平和的心态。用平和梳理一生才是一种通透、圆融的境界。

6. 知足的心态是人生的珍宝

"知足常乐"，来源于老子的"知足不辱，知止不殆，可以长久"（《老子·立戒第四十四》）。意思是说，一个人如果知道满足就会感到永远快乐，拥有知足的心态是人生的良药，是人生的珍宝。

人生在世，有做不完的梦，有无休止的欲望。个体自有生命开始，就意味着需要的产生。随着人生的渐长，以及与社会接触面的扩大，需要也随之不断升华。这种生理上的、物质上的需要是正常的，但是如果对这些需要要求得过分，便又会陷入欲望膨胀的泥潭。人都有欲望。欲望与生俱来是人的本能，挥之难去，但人又是具有理智的，应该而且能够把握好欲望的"度"。人生在世，有些东西应该得到，也能够得到；有些东西不该享有，也不能攫取。老子曾说过："罪莫大于可欲，祸莫大于不知足，咎莫大于欲得。"（《老子·俭欲第四十六》）这句话对于今天有着尤其特殊的意义。纵观今日一些落马之人，探其原由，"罪、祸、咎"概莫能出其"不知足"和"欲得"之外。贪婪的欲望使得一个又一个春风得意的"能人"，从马上倏然坠地，沦为"阶下囚"，甚至走上"断头台"。

清代李渔在他的《闲情偶寄》中说过："善行乐者必先知足"。他说的"知足"谓"退一步法"，即："穷人行乐之方，无他秘巧，亦止有退一步法。我以为贫，更有贫于我者；我以为贱，更有贱于我者；我以妻子为累，尚有鳏寡孤独之民，求为妻子之累而不能者；我以胼胝为劳，尚有身系狱廷，荒芜田地，求安耕凿之生而不可得者。以此居心，则苦海尽成乐地。”换成现在的话说，那就是“比上不足比下有余”，该知足了。我们每个人确实应当有个知足的心态，因为毕竟“人心难满，欲壑难填”，人的欲望是永无止境的。

知足者常乐，知足便不作非分之想；知足便不好高骛远；知足便安若止水、气静心平；知足便不贪婪、不奢求、不巧取豪夺。知足者衣食无忧便是幸事；知足者无病无灾便是福泽。所谓养性修身，参禅悟道，在常人来看，无非就是个恬淡随缘，乐天知命。“知份心自足，委顺常自安”，过分的贪取、无理的要求，只是徒然带给自己烦恼而已，在日日夜夜的焦虑企盼中，还没有尝到快乐之前，已饱受痛苦煎熬了。因此古人说：“养心莫善于寡欲”。我们如果能够把握住自己的心，驾驭好自己的欲望，不贪得、不觊觎，做到寡欲无求，役物而不为物役，生活上自然能够知足常乐，随遇而安了。

知足，使得人在平和之间，砌筑了一个生命安顿的心理平台。在“见好就收”的意义上，提前规避了未知的风险。知足常乐，在相对满足和绝对追求之间，重建了一种平衡。一方面，知足常乐少了些欲而不得的焦躁，少了些由色而空的虚无。比起“无欲”的禁锢，“知足”多了一层人情味；比起“一无所有”的自得与佯狂，“知足常乐”返回了世俗理性。“人心不足蛇吞象”用作欲望无限膨胀的喻像符号，是“知足常乐”的反向修辞。

知足是一种境界，知足的人总是微笑着面对生活，在知足的人眼里，世界上没有解决不了的问题，没有淌不过去的河，他们会为自己寻找合适的台阶，而绝不会庸人自扰；知足是一种大度，大“肚”能容天下事，在知足的人眼里，一切过分的纷争和索取都显得多余，在他们的天平上，没有比知足更容易求得心理平衡了；知足是一种宽容，对他人宽容，对社会宽容，对自己宽容，这样得到了一个相对宽松的生存环境。知足常乐，此之谓也。

但从另外一个角度来讲，有时我们要“不知足”才能常乐。说到对物质生活的态度，还是知足为好；但是，对于学习、工作和我们为之奋斗的事业，我们自然应该永不满足。

事业上的知足者往往心中没有追求的目标，胸无大志，对自己的要求就止于过得去。生活中常有一些人满足于“差不多”，对工作差不多就行，对人生也是差不多就行。许多事情也常常毁于这“差不多”上。知足其实让人在物质上不过分的占用心灵，而用心来追求事业或自己的理想。不要把“知足”当做裹足不前的借口，才是理解了知足的真正深意。随着社会竞争的日益激烈，知足者必然遭到淘汰，当今社会是进取向上者的天下。

人生如逆水行舟，不进则退。对事业，追求知足者固步自封，满足于眼皮底下那么一点点天地，岂有不退之理，就如登山，爬到半山腰见有人还在山脚下，便自我陶醉起来，又怎么能领悟到“无限风光在险峰”呢？“山外有山，人外有人”，自我封闭如井底之蛙，体会不到大海包容百川的胸襟。

知足，是为了在迷离的世界中找到自我的内心：知足，是为了摒弃物质的享乐和无尽的欲望，也是为了更高的成就的追求。

7. 积极的心态是人内心的阳光

成功是由那些有积极心态的人所取得的，并由那些以积极的心态努力不懈的人所保持。拥有积极的心态，就拥有了内心的阳光，即使遭遇困难，也可以获得帮助，事事顺心。

有一个故事虽然简单，但是却蕴涵着深刻的哲理，故事说的是一个小孩认真地跑，因为他想要超越自己的影子。可是，不管他向前跳多远、跑多快，影子总是在他前面。后来，有个大人告诉他一个最简单的方法：“你只要面对太阳，影子不就跑到你的背后去了吗？”

面对光明，阴影永远在我们身后。人生在世，困难、挫折、不如意、失恋、破产、疾病、死亡等种种困扰要挡也挡不住，想躲也躲不开，而且，你越是想躲开，它们就好像离你越近，老是缠着你，不让你脱身，不让你到欢乐的人群中去，不让你享受生命的欢乐。为什么不勇敢地去面对困扰呢？

生命短暂，有的人过得丰富多彩，充满朝气和进取精神，有的人却生活得枯燥无味，没有一点风光和活力。生活就像是不同乐器奏响的乐章，全看你是不是积极地去指挥和敲打，去创造自己生活的节奏和旋律。有人说，我不会吹、不会敲不会指挥，积极的人会告诉你，不吹白不吹，不敲白不敲，消极等待只能浪费生命。是的，活在世上，何必等待，何必懒惰。等待等于自杀，懒汉也并不能延长生命的一分一秒。

拥有积极心态的人身上永远洋溢着自信，他们会用自己行动告诉你：要有信心，信心是你无限魅力的来源，要相信你自己，世界上最重要的人就是你自己，你的成功、健康、幸福、财富依靠你如何应用你看不见的法宝，那就是积极心态。所罗门王据说是西方古代最明智的统治者。所罗门曾说：“他的心怎样思量，他的为人就是怎样。”换言之，人们相信会有什么结果，就可能有什么结果。人不可能拥有自己并不追求的成就。积极人生的至理名言是：自己掌握自己的命运，自己做自己的主人。我们把自己想象成什么样子，就真的会成为什么样子。积极的人能够掌握自己的命运。如果事情不顺利，他立刻作出反应，寻找解决办法，制定新的行动计划，并且主动寻求忠告。

世上无难事，只怕有心人，把心放在你所想要的东西上，使你的心远离你所不想要的东西。对于那些有积极心态的人来说，每一种逆境都含有等量或更大利益的种子。有时，那些似乎是逆境的东西，其实隐藏着良机。从此，他就将把自己全部身心投入到人生的目标之中，开始排除万难，坚持不懈，直到获得成功为止。

一个拥有积极心态的人另一个突出的表现就是他的投入，一切的一切，关键就在于投入，投入才能获得愉快。打一场球就要打得精彩，做一顿饭一定做得有色有香有味，进行一项实验就废寝忘食，写一篇文章会忘乎所以，一切都是那么吸引人，那么有趣味。付出总有回报。不懈进取的历程，积极投入的人生，会使人们很快发现自己，包括自己的长处和短处，事物的阴面和阳面，从而很快确定自己的生活目标。

自觉也是积极心态的人取胜的法宝之一，积极人生是一种自觉进取的人生，自觉是一个很重要的前提。一个人珍惜自己的生命，发挥和享受自己的生命，全凭自觉的力量。有了自觉，就可能少受环境和条件的限制，在任何情况下找到生活的突破口，在没有路的地方走出一条自己的路来。

当然世间诸事并不可能一帆风顺，拼命去争取成功，但不要期望总是会一定成功。在看待事物时，应考虑生活中既有好的一面，也有坏一面，但强调好的一面，就会产生良好的愿望与结果。一个积极心态的人并不否认消极因素的存在，他只是学会了不让自己沉溺其中。他常能心存光明，即使身陷困境，也能以愉悦和创造性的态度走出困境，迎向光明。

积极的人生态度是成功的催化剂，积极能使一个懦夫成为英雄，从心态柔弱变为意志坚强，它使人性变得温暖活泼、富有弹性，使人充满进取精神，充满冲劲和抱负。积极的心态是无穷的力量，持有它的人，一定会拥有自己想要的一切!

第十五章

理财——人生必须学会的生存之道

你不理财，财不理你。在这个时代，学会理财是使人生更加有品位的课程，甚至是生存的必须。怎样能够积聚财富、合理安排金钱、资产，使自己的人生健康、优越，就全在于理财这一课。养成善于理财的好习惯，人生才完善。

1. 你不理财，财不理你

成功的人还有一项公开的“秘密”——善于理财，有会理财的习惯。你不理财，财不理你。理财应当成为现代人掌握得好习惯。

理财不仅是生活中必不可少的一项内容，而且成功的理财还能为你创造更多的财富。问题的关键在于你感到无所适从，无法下定决心理财。如果你无法培养一个良好的理财观，那么终将面临坐吃山空的生活境遇。在社会上，各行各业的社会精英，他们之所以成功，其中重要的因素之一就是有正确的理财观。在一般情况下，越是成功的人就越重视理财，因为，他们懂得事业成功与理财之间的奥秘。

有人说，懂得应用理财知识的人最富有。在现代社会，能否运用知识及掌握技术，是贫富差距的关键所在。

不管你有多少钱，会不会理财，为了将来更好的生活，最好都要掌握一些理财方面的专业知识。因为专业的理财知识能使你避免一些理财方面的陷阱，避免因错误的投资而损失惨重。最简单地说，就是不要把鸡蛋放在一个篮子里。换句话说，为了存款安全起见，除了选择有存款保险的银行，最好把钱分散地存在几家银行，以降低风险系数。

学习理财方面的专业知识并不是非常困难的，与学习其他方面的知识一样，只要你对它产生了兴趣，那么它也是很容易掌握的。所以，只要你平时加强培养理财的兴趣，多收集一些相关的理财信息，多向一些理财专业人士请教，那么，时间久了，你就可以逐渐地具备理财的专业知识，做到胸有成竹了。

日常生活中很多开支是可以节省下来的。这些费用当时看起来虽然没多少，但长期积累下来，就是一大笔财富。例如，一些聪明的消费者在选购衣服的时候，宁可挑一件质地好、又不易过时的服装，也不无节制地选购仅在当下流行的服装，以免因过时而产生浪费。所以，只要在日常开销方面多思考，将有限的钱用在最需要的地方，尽量避免不必要的开支，日积月累，就形成了一笔可观的资金。

在每个家庭中，占有较大比例的一项开支就是给孩子买玩具，而怎样把花费降到最少，这里也是有学问的。一般来说，第一，不要重复。给孩子买玩具的目的是让孩子认识某种事物，学习一些知识，如果已经买了一种了再去买同类型的，那么就是多此一举了，没有多大价值。第二，对于同一种类型的玩具，有大有小，尽可能挑价格较便宜的，买小一点的，只要能让孩子在玩的时候体会到其中的乐趣就行了。这样既对孩子有启蒙作用，又节省了资金。第三，如果亲朋好友家有闲置的玩具，可以与对方交换，这样就省了一部分钱。第四，对于一些可有可无的玩具，最好就不要买了。

购买家庭物品，应当以真正有用为标准，不要买一些暂时用不着的物品，任何不需要的东西，再便宜也是最贵的。因为商品买回家不经常用就是一种浪费。比如有些人喜欢赶时髦，一旦看到街上流行皮鞋，就买上一双，过几天，当看到流行的风衣也买上一件，穿不了多长时间，再看到其他新的流行服装就又买了。这样一来，各种东西买了一大堆，结果都闲置在一边。所以，追赶消费潮流也应该以有用为标准，因为流行是永远不会结束的。

在日常消费支出上，很多家庭都带有相当大的随意性，在不知不觉中，就浪费了金钱。如果建立一个家庭理财档案，把日常的消费支出都记下来，然后每月再进行小结，你就会发现有很多钱是完全可以省下来的。

现在，额外收入是一种非常普遍的现象，每个人都会或多或少地有一些，比如各种奖金，偶尔的中奖，他人的馈赠等，这些都是额外的财富。对于这些额外的财富也应该像固定收入一样，要认真管理。例如，将额外收入积蓄起来购买一些家庭必需品或作为必要的支出准备等。

2. 要懂得储蓄

金钱财富似一道“关口”，一般人好像都闯不过去。人到老时，想想岁月已过去很多，未来的日子不多了，这时就是有堆金积玉的财产，又哪里用得了呢？但如果财产多了就随意花销，反使得自己连生活都维持不了，又要去想办法挣钱，这将是最苦的事情。因此，储蓄二字，人一生都不可忘记。

学会储蓄是极简单又深刻的人生经验。“天怕起秋旱，人怕老来贫。”年轻时大手大脚不注意储蓄，到老时就会为手头困窘而懊悔。

储蓄也有助于预防意外情况的发生。有一个民间故事，讲一家人，儿媳妇每次盛米做饭时，婆婆都会走过来，从中舀出一碗米拿走。儿媳妇觉得婆婆太小气了。

这年，发生了旱灾，庄稼颗粒无收，眼看着全家人就要挨饿了，这时婆婆叫儿媳妇到她屋里去拿米，儿媳妇去了，见了满满一大袋米，这都是婆婆一碗一碗攒下来的。这个故事告诉人们一个道理：要养成储蓄的习惯。

今天，随着经济的发展，物质财富比以往丰富多了。这种情况下，更要养成储蓄的习惯。有些人认为“储蓄”好像是老祖母的事，对他们已不那么有用了。这种看法其实是不对的。

储蓄有益于我们道德的修养，使我们能在物欲的诱惑面前懂得克制，从而不会堕落为贪得无厌的人。

储蓄既是致富的妙方，也是事业成功的法宝。

上个世纪90年代初，一位叫达齐钦的美国妇女在她的家乡缅因州创办了一个杂志，起名为《勒紧钱包》。当时正值大多数美国人在经济空前繁荣的鼓舞下疯狂花钱之际，她的杂志却以“反潮流”的姿态提倡节俭：规定自己在年内购买10件平价出售和大减价商品不一定非到大百货公司凑热闹；不要错过邻居搬家时的大清仓平价出卖日用品行动；自己烤面包和薄饼；以书信代替不紧急的长途电话；不用干衣机，既可省电又能减少衣物磨损；尽量利用可反复使用的物品，如铝箔和密封袋。

虽然传媒对达齐钦的省钱秘诀总忍不住要嘲笑，但她也赢得不少热情拥护者，杂志订户曾一度达到5万。尽管有人鄙视她，但就在别人为成堆的信用卡账单发愁时，已经有6个孩子的达齐钦在她44岁时，却宣布要退休了。她纯粹靠储蓄，已成了百万富婆。当年她结婚时只穿了一身50美元的婚纱，而现在她拥有一个大家庭和一个占地3公顷的庄园，而且不是靠中大奖或者发横财得来的。如今达齐钦一家仍然保持着储蓄的习惯。她将集腋成裘的心得归纳为一句话：“不买不紧要的东西，把钱存入银行。”

石油大王洛克菲勒16岁开始闯荡商界，最先在一家商行当簿记员。虽然收入不多，月薪只有40美元，但他仍然把大部分钱积蓄起来，为日后的投资做准备。两年后，他开始做猪肉和猪油生意，成为一个小有资本的商人。这时他仍然保持着储蓄的习惯，他要为今后的大投资做准备。

机会终于来了，在1859年石油业掀起热潮时，他凭长期积蓄的财力，在一家炼油厂拍卖时，每次叫价都比对手高，不惜重金，最终获得了这家炼油厂的产权。这就是他赖以起家、登上石油大王宝座的“标准”新炼油厂。经过20年的经营，洛克菲勒控制了美国90%的炼油业，成为亿万富翁。他成功的基础，就是他16岁时开始养成的存钱习惯。

机会存在于各处，但只提供给那些手中有余钱的人，或是那些已经养成储蓄习惯，而且懂得运用金钱的人。因为他们在养成储蓄习惯的同时，还培养出了其他一些良好的品德。

大银行家摩根有一次说：他宁愿贷款100万元给一个品德良好、且已养成储蓄习惯的人，而不愿意贷款1000元给一个没有品德及只知花钱的人。

如果你没有钱，而且也尚未养成储蓄的习惯，那么，你永远无法使自己获得任何赚钱的机会。这是一个不折不扣的事实，几乎所有的财富，不管是大是小，它的真正起点就是节俭和储蓄的习惯。

节俭不是反对正当的消费，不是让人吝啬，它反对的是浪费。节俭的人并不自私，他在帮助他人时是慷慨大方的。而吝啬则是将人的正当消费也视作“奢侈”，将人的消费压到了不近情理的苛刻地步。吝啬的人骨子里是自私的，如果要他们拔一毛就能利天下，他们也会痛苦不堪的。生活中有人常把节俭的人嘲讽为吝啬，对此，只要我们自己有正确的认识，完全可以不去理会这些嘲讽，就如达齐钦不理会别人对她的嘲讽一样。

英国思想家培根曾专门谈到了花钱的学问，他的观点见于《论消费》一文：财富是供消费的，而消费的目的，则是为了获得荣誉和善举。因而，非同寻常的消费，必须取决于其理由的价值。须知为了自己的国家，就像为了进入天国一样，是可以自愿把财富毁掉的。但一般的消费，则应取决于一个人的财产。管理得当，使消费在他的财力之内。安排得好，实付之款可以低于外人的估计。如果一个人只想保持不盈不亏的话，那么他的日常花费就应该是他收入的一半。而如果想变得富有的话，那么花费就应该是收入的三分之一。

一个人如果在某一项消费上花费多，那么也就需要在另一项消费上节约。这在经济学上叫“机会成本”。例如，如果在饮食上花费多，那么在衣着上就应该节约；如果在住房上花费多，那么在马厩上就应该节约，诸如此类。因为凡是在所有的消费上都花费多的人，都难免衰败。

通常，减少零星的花销，学会储蓄，并非屈尊以获小利而不受人尊重。对于一旦开始就要继续下去的费用，在开始的时候就要谨慎。但在那些只有一次的消费上，则不妨大方一些。

致富的共同秘诀是：你省下来一块钱，等于你赚了一块钱。学习理财得当的思维，这对于养成节俭储蓄的习惯是有帮助的。

3. 不会算计一世穷

中国有句俗话：吃不穷，穿不穷，算计不到一世穷。不管是有钱还是没钱，都应该有一个经济计划。不能吃了上顿，不管下顿。今天有食物今天就吃饱，明天没有食物了就饿着。

“今朝有酒今朝醉，明日愁来明日愁”是一种不负责任的态度。

美国财政预算专家爱尔茜·史塔普里顿夫人说过：“使多数人感到烦恼的并不是他们没有足够的钱，而是他们不知道如何支配手中已有的钱！”

卡耐基也总结过他在贫苦中是怎样计划用钱的，他说：“我也有过财政困难，我曾有过在密苏里的玉米田和谷仓每天工作10小时的经历。我辛勤地工作，直至腰酸背痛。我当时所做的那些苦工，并不是一小时一块美金的工资，也不是5毛钱，也不是10分钱。我那时所拿的是每小时5分钱，每天工作10小时。我知道20年一直住在一间没有浴室、没有自来水的房子里是什么滋味；我知道住在一间零下15℃的卧室中是什么滋味；我知道徒步数里远以节省一毛钱，以及鞋底穿洞、裤子打补丁的滋味；我也尝试在餐厅里点最便宜的菜，以及因没钱去洗衣店而把裤子压在床垫下的滋味。然而，在那段时间里，我依然设法从收入中省下几个铜板，因为如果我不那样做，心里就不安。由于这段经验，我们就必须和一些公司一样，拟定一个花钱的计划，然后根据那项计划来花钱。可惜我们大多数人都不这样做。”

现在人们提倡超前消费，有些人不管自己的经济状况如何，贷款买房，贷款买车，一下子就使自己的经济陷入困难的境地，后半辈子总摆脱不了还贷款的压力。

一旦你涉及到管理自己钱财的时候，你就开始经营如何管理自己的金钱了。

一位华侨50年前到美国，立志做一番事业，当时他很穷，生活压力大。所以他把每一美分的用途记录下来，甚至在他成为世界闻名的富翁，拥有一艘私人游艇之后，也还保持这个习惯。

预算专家建议我们，至少在最初一个月把我们所花的每分钱做准确的记录。如果可能的话，可做3个月的记录。这只是提供我们正确的记录，使我们知道钱花到哪儿了，然后还可依次做一下预算。

预算的意义，并不是把所有的乐趣从生活中抹杀。真正的意义在于给我们物质安全和免于忧虑。依据预算来生活的人，比较快乐。

你应该把所有的开支列出一张表，然后把所有的收入也列成一张表，对照之后，你就知道该怎样花钱了。然后，再找专家咨询一下，投资或储蓄都可以。

会花钱的人能够用最少的钱办最多的事，用最少的钱买最好的东西。

有两位男士收入一样。可是，一位总是穿着入时，而且不多花钱；而另一位，每个月都买衣服，却没有一件衣服入时得体，每月入不敷出，原因就是不会花钱。会花钱就是能够使钱的价值得到最大的实现，每一分钱都花得值。

生活中常常有些人为自己的收入烦恼、痛苦，其中有人因为收入低，有人因为花费高，还有人因为收入提高了欲望也增加了。

按预算花钱，收入多可以多花，收入少就要少花。超前消费，你背上债务，就没有快乐了。

现在有些人借钱爱找朋友，这样一遇纠纷，常常会失去朋友。还有些人去找放高利贷的人借钱，这样就无疑要陷入利滚利的痛苦之中。正确的选择是去银行贷款，在那里你不会上当吃亏，银行不会宰人。

现在中国的保险业还不是很发达，人们的保险意识也不强。其实，有钱可以投一点保险，预防意外。

有个年轻人挣了一笔钱，投了笔健康保险。谁也没想到过了一年，他就得了一场大病，保险公司赔付了一大笔医疗费。如果没有保险，那么他当年辛苦挣的钱就全赔光了。

如果你有孩子，就必须教育孩子理财。一位母亲从银行里取得一本特别存款单，交给8岁的女儿。每当小女儿得到每周的零用钱时，就将零用钱存进那本存折，而母亲自任银行管理员。每当女儿必须使用钱时，就从账中提出，把余款结存详细地记录下来。从模拟银行的游戏中，小女孩不仅学到很多知识，也学会了如何处理金钱的责任感。

不要寄希望赌一把来赚取金钱，赌博带有很大的偶然性。一个人要是把自己的财富寄托在偶然性的赌博上，那么肯定会失败。

现在国家禁止赌博，各地的老虎机陆续被查封。然而还有很多人把自己辛苦挣来的钱丢在赛马、纸牌、骰子、吃角子老虎机身上。这些人注定一生遭遇失败。

要是得不到我们所希望的东西，最好不要让忧虑和悔恨给我们的生活平添苦恼。让我们原谅自己，豁达一点。即使我们拥有整个世界，你一天也只能吃三顿饭，睡一张床。

罗马政治家及哲学家赛尼加说：“如果你一直觉得不满，那么即使你拥有了整个世界，也会觉得伤心。”

财富是没有止境的，拥有多少也不够花。保持一个平常心态，过平常人的生活，你才能享受生活的快乐。不要对自己提出过高的要求，够吃够用就应该满足了。

4. 从一点一滴积累做起

现在很多人一开始就摆出一副要赚大钱的架势，小钱看不上，结果常常什么也没赚到。赚大钱是要有大资本、大后台、大才智，还要有大机遇才能实现的，而一般人是不具备这些条件的。赚钱要从一点一滴做起。

世界金融市场的年轻富翁戈德曼5岁时父母离异。母亲带着他改嫁。10岁的戈德曼在暑假期间，每逢星期日凌晨4点就起床，把烤面包片和晨报分送到各家。这样，每个星期天他都能挣上25美元。只要有挣钱的机会他从不放过，哪怕只挣一美分。

其实，很多大企业家大富翁，都是从小职员做起，从挣小钱起家的。

从挣小钱开始，可以培养你的自信。小钱容易挣到，你就会对自己的能力有所了解，你就会相信自己能挣到钱。

挣小钱不需要太大的本钱，不需承担太大的风险。

挣小钱可以为挣大钱积累经验。

挣小钱还可以培养自己踏踏实实做事的态度和习惯。

有时候小钱也是不好挣的，也需要付出艰苦的努力和代价。

发财不求暴富，实实在在从小钱挣起，一点一点积累，在挣钱的过程中体验人生的滋味，才有成功的感觉，才有创造的快乐。

现代社会每个人都想闯一闯，都想发财。对一般人来说，没有大笔的资金就难以创业，没有大的背景也就难以成事。很多人是扼腕空叹，不知所为。

陈中华是北京科技大学毕业的研究生，为了创业，辞去了铁饭碗。没有资金，他与妻子一起去收破烂儿，捡破烂儿，一点一点积累资金。后来他又干起了回收旧电脑的生意，越干越好，现在他在中关村发展起他的业务，成功地实现了创业的第一步。

他说："捡破烂儿，收破烂儿，可以说是起点低到了极限。这让我心里有了承受力，假如我现在生意做砸了，我也不怕。我有个底线，大不了再去捡破烂儿，收破烂儿呗，照样能活。从另一个角度讲，我是从最低点起步的，每走一步，都是上升，都有成功的喜悦。假如将来做大了，也是一步步走过来的，走得稳当，走得踏实。其实，人起点低不怕，只要能不断地向上。什么都不做或不能做，那才可怕呢！"

陈中华的旧电脑生意越做越大。他租住的那间房，屋顶很高，像个大仓库。靠墙码着新进的一百台旧显示器，箱子快摞到屋顶，使房内空间狭窄，坐在里头显得人很小。他说："现在每天时间不够用，晚上从不在12点前睡觉。如果我在原单位呆着，苦恼的事还依然苦恼。可现在，我完全可以按自己的方式，做每件想做的事，行动快，效率高。虽说起步低，但天天都有发展。虽说苦点累点，但快乐，充实，有希望。这种感觉非常好。"

陈中华是靠自己从无到有创业的，他的成功告诉人们：

不要幻想从天上掉下来一笔钱，自己去挣才是真本领。

不要觉得自己是大人物，干不了下等活儿。

脚踏实地从一分钱挣起，积少才能成多。

根据自己的实际，设定创业的最低起点，一步一步往上干。

生活从脚下开始，从自己的实际出发，能挣多少钱就挣多少钱。靠自己去创业，光明磊落，才是现代真正的英雄。

5. 节俭是致富的源头

勤劳与节俭在中国传统文化中，是一条亘古不变的做人美德。勤俭是最古老的训诫，“克勤于帮，克俭于家”、“历览前贤国与家，成由勤俭败由奢”、“不勤不得，不俭不丰”已成为古训，节俭是致富的源头和闸门，节俭永远不过时。

今天，随着生活水平的提高，很多人不把勤劳节俭当成一回事。其实，虽然生活水平比过去提高了，但节俭还是丢不得。

不少超级华商富豪由贫到富，自始至终都十分节俭。譬如李嘉诚，他从来不讲究衣服和鞋子是什么牌子，一套西服穿十几年是平常事；10双皮鞋有5双是旧的，皮鞋坏了，补好了照样穿；那块永远快10分钟的手表是普普通通而且用了很多年的电子表，赶时间，几块钱一包的饼干也可以当美餐。

就算是1999年香港的风云人物李泽楷，也没有把平时用来招待生意伙伴的一架价值1000多万港币的滑翔机用于自己的享乐。如果说，谈生意需要面子上过得去的话，那么在生意场下的私生活中，面子又有多大用处？关于这一点，李泽楷、李成枫、李光前三人的例子更能反映出华商们对这一问题的看法。

1999年5月，李泽楷的身价已经升到几十亿港币。在接受《亚洲周刊》的记者采访时，他手上戴一只Swatch手表，脚上依然穿一双俗称“白饭鱼”的鞋。这种鞋在香港遍布街巷的便民超市连锁店中随处可见，一般只售15港币。除非正式场合，为表示对主人的尊重，他才会穿礼服。李泽楷通常穿便服、斜纹裤，至多加一件西装。在参加《南华早报》与DHL举办的杰出商业人士成就奖颁奖会时，他也没有打领带。对日常饮食，他更是喂饱肚子便罢的快餐风格。

新加坡报王李成枫，1909年出生在福建南安，祖父是一名清朝末年的武举人。他从小就被父母送给膝下无儿的舅舅当养子，没有受过系统化的正规教育，只是在乡村的私塾中念过几年书。

1927年，为了寻找谋生创业的最佳地点，孤身一人下南洋，冒险来到新加坡闯世界。面对人生地不熟的异国他乡，年仅18岁的李成枫并未因举目无亲而打退堂鼓，反而凭借18岁的好身体，不辞劳苦地开始了自己那“挣钱糊口、攒钱创业、捞钱耀祖”的拼搏。他找到的第一份工作，是在爱国华侨陈嘉庚的鞋厂里当卫生巡察员。每月虽只挣十几元，却能省吃俭用攒下8元钱。后来，他一边在民信汇兑银行干月薪20元的汇兑活计，又在工作之余寻找第二职业。他凭自己的手艺每月有150元钱的额外收入，因此他曾无比自豪地说：“当时一名银行经理的月薪，只不过50来块钱而已。而我的分内和额外收入加起来，比银行经理的月薪3倍还多。”就这样，经过两年的奋斗和拼搏，李成枫以“多挣少花勤积，细水长流终有钱”的聚钱绝招，从牙缝中一点一点抠出令人羡慕不已的钱财；以“半杯咖啡兑水喝，既能享受又节省”的省钱方式，从嗜好中一粒一粒剔出了令“打工仔”自叹弗如的一些钱财。他摇身一变成为不是老板、胜似老板的“打工皇帝”。

正如李成枫所说：“如果获得10块钱的利润，我只用5角，其他9元5角都用来再投资扩大生产。不然的话，把这些钱用光或吃光，我们的企业何时才能发展壮大呢？”

于是，李成枫衣锦还乡荣归故里，尊奉父命娶妻成家，似乎一条光明大道展现在他的眼前。可是，世事难料不由人，由于军阀混战难以立身，李成枫刚刚度完蜜月，就不得不和新婚妻子一道重返新加坡“淘金”。

他以20岁的虎虎生气在陈嘉庚女婿——李光前创办的“南益总厂”任书记员，经过一番埋头苦干后，因业绩显著而被派往“南益总厂六分厂”独当一面。从此，李成枫真正有了用武之地。他也凭着自己磨炼出的坚强毅力和天生的超人聪明，直面日本侵略者统治下的殖民厄运，顶住外国垄断集团在新加坡橡胶行业疯狂竞争的千钧重压，巧出奇兵，一一化解了经济萧条所带来的种种危机，使橡胶行业成为东南亚地区最赚钱的行业。他本人由于对东南亚地区橡胶行业所做的特殊贡献，被东南亚地区企业巨子们一致称赞为“橡胶大王”。

诚然，海外经商发达的巨富，一掷千金的人也有，但不少人却过着普通人的生活，有的甚至节俭到令人难以置信的程度。新加坡的著名企业家、教育家和慈善家李光前便是其中一位。李光前，1893年出生在福建省南安县梅山镇芙蓉乡的一个贫苦人家。10岁时随父移居新加坡，早年曾回国求学，先后在南京的暨南学堂、北京的清华学堂预科班以及唐山的路矿专门学堂深造。回新加坡后，起初在陈嘉庚的谦益公司做事，主要工作是处理中、英文函件及商务联络。由于精明能干并且为人厚道，后被陈嘉庚招为乘龙快婿。1928年，30岁出头的李光前独立门户，创办南益橡胶公司。至20世纪60年代初，拥有近2万亩种植园，15个工厂，20个办事处，业务扩展到橡胶、黄梨（菠萝）种植及加工，被誉为南洋的“橡胶与黄梨大王”。此外，还办有油厂、彩色印刷厂、火锯厂、木材厂等，其总资产估计有3亿元。

1920年，李光前与陈嘉庚的长女陈爱礼结为伉俪，早年的新加坡，除了人力车之外，有轨电车便是时髦的公共交通工具了。当时坐车是分等的，按每英里计算。已担任公司要职的李光前上下班或外出公干，常常与普通职员一样坐三等车。后来虽然自己有了汽车，但也不追求豪华。有一次李光前独自驾驶老牌旧车到下属的橡胶厂检查工作，由于车旧又无人随从，竟被门卫挡在门外。李光前非但没有批评这位门卫，反而表扬他忠于职守。

至于一日三餐，更是普普通通。李光前烟酒不沾，平时最爱吃的是番薯粥，这是福建农家饭菜。隔夜的饭菜，有的人弃之不用，认为有损健康，但李光前照吃不误，因为他认为好端端的东西倒掉了十分可惜。平日家中吃的饼干是本地产的，因为本地的每盒才二三元，而进口的需七八元。到日本办理商务，李光前还在留学生的食堂用过餐。1965年春，李光前到上海治病，顺道回乡，他曾在泉州华侨大厦邀请故友叙旧并共进午餐，吃的竟是番薯粥和四道家乡小菜。说到番薯粥，不得不说怡和轩，怡和轩俱乐部既是一个社团，又是新加坡知名商家聚会的地方，陈嘉庚先生曾担任该俱乐部负责人二十余年，并在那里组织南洋华侨筹赈祖国难民总会。于是受其影响，怡和轩的午餐常常是番薯粥。李光前手上的手表，一直都是很老的旧表，即使到了晚年才换成的新表，也不是什么价值连城的珍品。生日做寿，在许多商家看来，是显示气派的良机。李光前夫妇从不做寿，因为他们认为，这除了浪费时间、浪费金钱之外，并无多少意义。

世界船王、著名华商包玉刚曾经有一句名言，他说："在经营中，每节约一分钱，就会使利润增加一分。节约与利润是成正比的。"

有人曾嘲笑包玉刚不算一个真正的船王，只是一个银行家。这句话讲对了一半。包玉刚并非传统意义上的船王，因为他摒弃了（或者说根本没有遵循）老一套的做法，而是用他银行家的作风、方法去管理他的船队。这种在旁人看来是不可思议的做法，却取得了成功。时至今日，又有谁敢说他不是真正的船王呢?

包玉刚认为，把船租给用户，主要的问题是确定船在满负荷工作进行时的最多天数，以此来确定一个固定的和可预期的延期赔偿款项，以使合同双方满意。

包玉刚想方设法提高旧船的租金，并降低燃油和人员的费用。也许是银行家出身的缘故，包玉刚对于控制成本和费用开支特别重视。他一直坚持不让他的船长耗费公司一分钱，他总是说："不要跟那些与花费目标有关系的人一起休息。"他也不允许管理技术方面工作的负责人直接向船坞支付修理费用，原因是“他们没有钱银意识”。

水手们形容包玉刚是一个“十分讨厌浪费的人”。直到包玉刚建立了庞大的商业王国，他的这种节约习惯仍保留着。一位在包玉刚身边服务多年的高级职员回忆道：“在我为他服务的日子里，他给我的办事指示都用手写的条子传达。他用来写这些条子的白纸，都是纸质粗劣的白纸簿纸，而且写一张一行的窄条子，他会把写的字撕成一张长条子送出，这样的话，一张信纸大小的白纸也可以写三四张．最高指示．。”

一张只用于白纸五分之一的条子，不应把其余部分的白纸浪费掉，这就是包玉刚“应省则省”的原则。

这就是几位大商贾的日常生活和工作习惯，他们都是资财逾亿的富翁，但是他们依然过着简朴的生活，这并不是他们吝啬，而是简朴的作风能陶冶人的情操、净化人的本质，更是这些富翁们致富的诀窍。

第十六章

让习惯完善你的人生

好的习惯完善你的人生，造就你的人生，坏的习惯摧毁你的人生。人生要养成好习惯，抛弃和改正坏习惯，不断地使自己完善，才是利用习惯的真正的目的，让习惯完善你的人生，从现在做起！

1. 好习惯成就人生

好习惯是成功的基石，好习惯是成功的阶段。完善你的人生，要取得成功，就必须养成良好的习惯。

1978年，75位诺贝尔奖获得者在巴黎聚会。有人问其中一位：“你在哪所大学、哪所实验室里学到了你认为最重要的东西呢？”

出人意料，这位白发苍苍的学者回答说：“是在幼儿园。”

又问：“在幼儿园里学到了什么呢？”

学者答：“把自己的东西分一半给小伙伴们；不是自己的东西不要拿；东西要放整齐；饭前要洗手；午饭后要休息；做了错事要表示歉意；学习要多思考，要仔细观察大自然。从根本上说，我学到的全部东西就是这些。”

这位学者的回答，代表了与会科学家的普遍看法：成功源于良好的习惯。

成功是靠努力向上的习惯一点一滴积累而成！时代给了人机会，而能抓住机会，从而成功，是因为付出了太多泪水和汗水的缘故。

英国唯物主义哲学家、现代实验科学的始祖、科学归纳法的奠基人培根，一生成就斐然。在谈到习惯时，他深有感触地说：“习惯真是一种顽强而巨大的力量，它可以主宰人的一生，因此，人应该通过教育培养一种良好的习惯。”

1998年5月，华盛顿大学350名学生有幸请来世界巨富沃沦·巴菲特和比尔·盖茨演讲。当学生们问道：“你们怎么变得比上帝还富有”这一有趣的问题时，巴菲特说："这个问题非常简单，原因不在智商。为什么聪明人会做一些阻碍自己发挥全部功效的事情呢？原因在于习惯。"

盖茨表示赞同，他说："我认为沃伦关于习惯的话完全正确。"此时，两位殊途同归的好朋友道出了自己成功的诀窍，即：好的习惯是成功的阶梯。

俄国教育家乌申斯基说："良好的习惯乃是人在神经系统中存放的道德资本，这个资本不断地增值，而人在其整个一生中就享受着它的利息。"的确，习惯是一个人独立于社会的基础，又在很大程度上决定人的工作效率和生活质量，并进而影响他一生的成功和幸福。因此，注重养成好的习惯，是人生迈向成功的第一步。

试想，一个爱睡懒觉、生活懒散又没有规律的人，他怎么约束自己勤奋工作？一个不爱阅读、不关心身外世界的人，怎能有开阔的胸襟和见识？一个自以为是、目中无人的人，他如何去和别人合作和沟通？一个杂乱无章、思维混乱的人，他做起事来的效率会有多高？一个不爱独立思考、人云亦云的人，他能有多大的智慧和判断能力？

好习惯实际上是好方法，即好的思想的方法，好的做事的方法。培养好习惯，即是在寻找一种成功的方法。

靳羽西——一个普通的中国人的名字，却演绎着一个不同凡响的中国女性绚丽的人生。她的坚韧不拔、永远追求新潮的性格，为她平添了几分神秘色彩。从1978年到今天，二十多年的时间里，她完成了名人到名媛再到名品最后到名企（著名国际性跨国企业）的传奇的跨越。奔忙于东西方的靳羽西，分别以学者、作家、记者、电视人、企业家的身份，在每一个她停留的地方，展现其东方式的直率和一个成功女人的自信，告诉人们生命可以更美丽。

靳羽西总结了自己的成功经验，即一切来自于良好的习惯。

播种行为，收获习惯；播种习惯，收获性格；播种性格，收获命运。好习惯是成功的阶梯，你的好习惯越多，你的人生越完善，你离成功越近。

2. 好习惯造就人，坏习惯摧毁人

好习惯造就人，坏习惯摧毁人。所谓摧毁，是指从身体和精神上摧毁。因此，必须坚决杜绝坏习惯。

有的人习惯“黎明即起，洒扫庭除”，而有的人则习惯睡懒觉；有的人滴酒不沾，有的人则每天都要喝几杯；有的人十分注意自己的衣着整洁，有的人则大大咧咧，不修边幅；有的人对人说话谦恭有礼，有的人则高声大嗓、唾星四溅；有的人做事井井有条，有的人则手忙脚乱；有的人总是乐观地看待一切，有的人遇到一点儿小事，就会愁眉不展；有的人承诺别人的事，绝不食言，有的人当面答应得好好的，一转身就忘得干干净净；有的人节俭，有的人铺张；有的人多话，有的人寡言……

一个人习惯的养成，与他从小所受的家庭和社会的影响有关。有一个小幽默说明了这点：

有人问：“你家的狗怎么走起路来总是七扭八歪的？”

对方回答：“可怜的小东西，我丈夫从酒店里回来时，它总是跟着，跟惯了。”

习惯并不只限于行为方面，我们的情绪反应以及感觉也决定于习惯，如美国著名的成功学的奠基者之一马尔登所说：“你可以养成这样的好习惯：把自己想象成为一个有用、积极的公民，每天都有生活目标；也可把自己想成一名失败者，一个没有价值的人，这种思想方式也是一种习惯。”

古希腊哲学家苏格拉底说：“好习惯是一个人在社交场合中所能穿着的最佳服饰。而坏习惯则是你的敌人，它只会让你难堪、丢丑、添麻烦、损坏健康或者事业失败。”莎士比亚说得好：“习惯若不是最好的仆人，它便是最坏的主人。”让坏习惯主宰了自己的生活，它就成了你“最坏的主人”。

对于坏习惯，明朝时人吕坤称之为“惯病”。他说，“任意”、“惯病”，都是很难戒除的，如果能真正在戒除它们上下工夫，那就像是找准了穴位，挠痒痒找对了地方。

戒除惯病是很难的。古代有一位官员，特别容易发怒。他下决心要改掉这毛病，便在案头上放了一块木牌，上面写着“制怒”。这天属下来说事，他听着听着又怒了，拿起牌子便扔向属下。可见，戒除坏习惯并不是一件容易的事情。

吕坤说，要戒除惯病，就要“着力”，事情的确如此。不以坚强的意志来强迫自己改正，坏习惯是很难去掉的。张学良将军年轻时染上了吸鸦片的习惯。但是，当他决意戒除的时候，便把自己关在一间屋子里，吩咐家人和手下人无论听到屋里有什么动静，都不许进来。他的烟瘾犯了，十分痛苦，头直撞床，大声叫唤。屋外的人听见了，怕他出意外，但谁也不敢进去。这样折腾了一天，屋里没动静了。家人进去看时，张学良静静地在床上睡着了。经过这样的几次折腾，张学良终于戒除了鸦片瘾。

对人身体的残害，莫过于毒品，张学良成功地戒掉了毒品，使其保持健康体魄，直至百岁高龄而寿终。

甘地被称为圣雄。一次，一位母亲带着自己的孩子来见甘地，说自己的孩子特别爱吃糖，她想让孩子改掉这习惯，但怎么说孩子也改不掉，请甘地来劝劝孩子。甘地听了，沉默了一会儿，然后对那母亲说：“一个星期后你再带孩子来。”过了一个星期，那母子俩如约来到。甘地对孩子说了一番话，孩子回去后便戒掉了自己的坏习惯。原来，甘地也有爱吃糖的习惯，他不能自己有吃糖习惯，还去劝别人戒除。但多年形成的习惯不是轻易能改变的，即使是“圣雄”，甘地也要花一个星期才能改掉自己的“坏习惯”。

戒除坏习惯还有一难，就是“习惯成自然”后，你要改变它，可能一时奏效，但过段时间它可能又会发作。拿戒烟来说，许多烟民都多次戒了又多次“破戒”。美国作家马克·吐温曾幽默地说：“戒烟有什么难？我已经戒过一千次了。”因此，戒除坏习惯，要有打持久战的毅力。

有一本外国人写的书，书名是《如何停止谋杀你自己》，讲的是戒除吸烟一类坏习惯的事。这个书名再恰当不过地说出了戒除坏习惯的重要性。坏习惯就等于自我谋杀。

你可能会说，我也知道有些习惯不好，甚至很坏，我也试着改掉它，但我发现改不掉。

你可以改变你的坏习惯！完全可以！虽然，改变坏习惯不像滚动木头那样简单，但是你可以办得到，只要你真心希望这样做。

首先相信你可以改变你的习惯。对你自我控制的能力要有信心，如此才能为你的基本个性带来积极的改变。

彻底了解这些坏习惯对你身体所造成的不良影响，使你愿意去承受暂时的损失，甚至痛苦，从而培养出要求改变的强烈愿望。

找出某种令你感到满意的事物，用来暂时安慰自己。因为你在戒除一项长期的习惯之后，必会经历一段痛苦的时期，这时就要找些事物来安慰你，像摄影、园艺或弹钢琴这些爱好，会协助你不过多地想重新犯毛病。

认真处理这些问题，调整你的思想，接受你的失败，重新发掘你的胜利。

引导你自己迈向积极的习惯，这将使你的生活获益。为你自己制定新的目标。在积极的活动中获得成功的感觉，这将发挥你的能力与热诚。

改掉你的坏习惯吧，假如你有。当你在改变的过程中发生了动摇，就请坚持下去，直到成功改变坏习惯。因为你的健康、事业、生活乃至一生都将因此受益无穷。